基于碳量子点的荧光传感

Fluorescence Sensing
Based on Carbon Quantum Dots

刘荔贞 / 著

化学工业出版社
·北京·

内容简介

本书简要介绍了荧光传感器、荧光传感机制及荧光纳米传感技术，重点围绕基于碳量子点的荧光纳米传感技术，阐述了碳量子点的制备方法、性质、功能化、发光机理及在传感领域中的应用。结合作者在碳量子点领域的科研工作，详细介绍了具体碳量子点的制备、表征、性能研究及其用于黄酮类化合物、人工合成色素、生物小分子、金属离子、药物成分和染色剂传感检测方面的成果和经验。

本书可供分析化学及纳米材料专业的科研人员、高校教师、研究生参考。

图书在版编目（CIP）数据

基于碳量子点的荧光传感 / 刘荔贞著. —北京：化学工业出版社，2024.5
ISBN 978-7-122-45310-5

Ⅰ.①基… Ⅱ.①刘… Ⅲ.①荧光特性-化学传感器 Ⅳ.①TP212.2

中国国家版本馆 CIP 数据核字（2024）第 063352 号

责任编辑：李晓红
责任校对：王鹏飞
装帧设计：刘丽华

出版发行：化学工业出版社
（北京市东城区青年湖南街 13 号　邮政编码 100011）
印　　装：北京科印技术咨询服务有限公司数码印刷分部
710mm×1000mm　1/16　印张 11½　字数 191 千字
2024 年 7 月北京第 1 版第 1 次印刷

购书咨询：010-64518888
售后服务：010-64518899
网　　址：http://www.cip.com.cn
凡购买本书，如有缺损质量问题，本社销售中心负责调换。

定　　价：98.00 元　　　　　　　　　　　版权所有　违者必究

前言

随着社会的发展和科学技术水平的提高，荧光材料在生物、医学、电子器件和光传感等领域中逐渐发挥越来越重要的作用。其中荧光传感器是其应用最为广泛的一种用途。目前利用荧光纳米材料构建荧光传感器检测小分子仍然具有很大的挑战。自2004年首次发现碳量子点以来，科研人员对碳量子点的研发与探究从没有停止，在碳量子点的合成机制、材料表征、实际应用等方面研究都取得了快速的发展。碳量子点因其制备简单、水溶性好、光稳定性强、毒性低、生物相容性好、荧光性能可调等优势而被广泛应用于荧光传感领域。碳量子点表面含有丰富的表面官能团和较多的活性位点，这使得金属离子、有机基团等可以通过表面键合有效地与碳量子点相互作用，导致碳量子点性能发生变化而达到检测或传感的目的。基于碳量子点的荧光传感技术具有选择性好、样品处理简单、分析速度快、灵敏度高且可操作性强等优势，在传感检测领域具有好的应用前景与潜在价值。

笔者自2012年以来，一直致力于碳量子点纳米材料的研究工作。本书以笔者多年来在碳量子点荧光传感方面的研究成果为基础，重点介绍了不同新型碳量子点纳米材料的制备、表征、性能研究及其在荧光传感领域中的应用。具体研究工作包括：碳量子点用于黄酮类化合物的荧光传感；碳量子点用于人工合成色素的荧光传感；碳量子点用于生物小分子和金属离子的荧光传感；碳量子点用于药物成分和染色剂的荧光传感。

本书由山西大同大学博士科研启动基金项目（2014-B-13）资助，书中主要内容是山西省基础研究计划项目（201901D211434）、山西省高等学校科技创新项目（2019L0750，2021L375，2021L387）和大同市重点研发计划（2018014）等项目的主要成果。冯锋教授和蔡明发教授对本书的完成给予了极大的鼓励和支持；硕士生李海红、火兴妍、袁琳等人的研究工作为本书部分章节的形成做出了很大贡献；硕士生陈梦参与了文献资料搜集和文字编排工作，在此一并致以诚挚的谢意。

由于笔者水平有限，书中难免有疏漏和不足之处，敬请专家和读者不吝赐教，提出宝贵意见和建议。

刘荔贞

2024年5月

目 录

第1章 荧光传感技术概述 / 001

1.1 荧光传感器简介 / 002
1.1.1 荧光传感器的发展 / 002
1.1.2 荧光传感器的组成 / 003
1.1.3 荧光性能基本常识 / 004

1.2 荧光传感机制 / 006
1.2.1 静态猝灭 / 006
1.2.2 动态猝灭 / 007
1.2.3 荧光共振能量转移 / 007
1.2.4 内滤效应 / 009
1.2.5 光诱导电子转移 / 010
1.2.6 聚集诱导发光 / 010

1.3 荧光纳米传感技术 / 011
1.3.1 荧光纳米材料 / 011
1.3.2 荧光纳米传感技术的应用 / 012

参考文献 / 013

第2章 基于碳量子点的荧光传感技术 / 017

2.1 碳量子点简介 / 017
2.2 碳量子点的制备方法 / 018
2.2.1 电弧放电法 / 018
2.2.2 化学氧化法 / 018
2.2.3 电化学法 / 019
2.2.4 激光烧蚀法 / 020
2.2.5 热分解法 / 020
2.2.6 水热合成法 / 021
2.2.7 微波合成法 / 021
2.2.8 超声波法 / 022

2.3 碳量子点的性质 / 022
2.3.1 光学特性 / 023
2.3.2 电催化特性 / 026
2.3.3 生物毒性与生物相容性 / 026

2.4 碳量子点的功能化 / 027
2.4.1 杂原子掺杂 / 027
2.4.2 表面修饰 / 032

2.5 碳量子点发光机理 / 033
2.5.1 量子限域效应 / 033
2.5.2 表面态发光 / 034
2.5.3 分子态发光 / 036

2.6 碳量子点在荧光传感领域的应用 / 036
2.6.1 金属离子检测 / 037
2.6.2 无机阴离子检测 / 039
2.6.3 分子检测 / 040

参考文献 / 042

第 3 章 黄酮类化合物的碳量子点荧光传感 / 050

3.1 碳量子点用于山柰酚的荧光传感 / 050
3.1.1 CDs 的制备与表征 / 051
3.1.2 CDs 的性能研究 / 053
3.1.3 基于 CDs 的荧光传感构建及对山柰酚的测定 / 057
3.1.4 CDs 对山柰酚的荧光传感机理 / 061

3.2 碳量子点用于桑色素的荧光传感 / 062
3.2.1 CDs 的制备与表征 / 062
3.2.2 CDs 的性能研究 / 063
3.2.3 基于 CDs 的荧光传感构建及对桑色素的测定 / 066
3.2.4 CDs 对桑色素的荧光传感机理 / 069

3.3 磷掺杂碳量子点用于金丝桃苷的荧光传感 / 070
3.3.1 P-CDs 的制备与表征 / 071
3.3.2 P-CDs 的性能研究 / 071
3.3.3 基于 P-CDs 的荧光传感构建及对金丝桃苷的测定 / 074
3.3.4 P-CDs 对金丝桃苷的荧光传感机理 / 076

3.4 氮掺杂碳量子点用于杨梅素的荧光传感 / 076

3.4.1　N-CDs 的制备　/ 077
3.4.2　N-CDs 的表征方法　/ 077
3.4.3　N-CDs 的性能研究　/ 078
3.4.4　基于 N-CDs 的荧光传感构建及对杨梅素的测定　/ 081
3.4.5　N-CDs 对杨梅素的荧光传感机理　/ 084

参考文献　/ 085

第 4 章　人工合成色素的碳量子点荧光传感　/ 092

4.1　氮、磷共掺杂碳量子点用于新胭脂红的荧光传感　/ 093
4.1.1　N,P-CDs 的制备与表征　/ 094
4.1.2　N,P-CDs 的性能研究　/ 094
4.1.3　基于 N,P-CDs 的荧光传感构建及对新胭脂红的测定　/ 098
4.1.4　N,P-CDs 对新胭脂红的荧光传感机理　/ 101

4.2　黄色和蓝色双波长发射碳量子点用于苋菜红的荧光传感　/ 102
4.2.1　Y/B-CDs 的制备与表征　/ 103
4.2.2　Y/B-CDs 的性能研究　/ 104
4.2.3　基于 Y/B-CDs 的比率型荧光传感构建及对苋菜红的测定　/ 107
4.2.4　Y/B-CDs 对苋菜红的荧光传感机理　/ 110

4.3　氮掺杂碳量子点用于亮蓝的荧光传感　/ 111
4.3.1　N-CDs 的制备与表征　/ 112
4.3.2　N-CDs 的性能研究　/ 113
4.3.3　基于 N-CDs 的荧光传感构建及对亮蓝的测定　/ 116
4.3.4　N-CDs 对亮蓝的荧光传感机理　/ 119

参考文献　/ 119

第 5 章　生物小分子和金属离子的碳量子点荧光传感　/ 124

5.1　橙色和蓝色双波长发射碳量子点用于 L-谷氨酸的荧光传感　/ 124
5.1.1　O/B-CDs 的制备与表征　/ 126
5.1.2　O/B-CDs 的性能研究　/ 126
5.1.3　基于 O/B-CDs 的比率型荧光传感构建及对 L-谷氨酸的测定　/ 129
5.1.4　O/B-CDs 对 L-谷氨酸的荧光传感机理　/ 132

5.2　碳量子点的色谱分离及其不同组分用于 Fe^{3+} 和 Hg^{2+} 的荧光传感　/ 133
5.2.1　CDs 的制备、分离及表征　/ 135
5.2.2　CDs 及不同 CDs 组分的性能研究　/ 136

5.2.3　CDs 组分对 Fe^{3+} 和 Hg^{2+} 的荧光传感　/147

参考文献　/150

第 6 章　药物成分和染色剂的碳量子点荧光传感　/155

6.1　红色和黄色双波长发射碳量子点用于盐酸莫西沙星的荧光传感　/155
6.1.1　R/Y-CDs 的制备与表征　/156
6.1.2　R/Y-CDs 的性能研究　/157
6.1.3　基于 R/Y-CDs 的比率型荧光传感构建及对盐酸莫西沙星的测定　/160
6.1.4　R/Y-CDs 对盐酸莫西沙星的荧光传感机理　/163

6.2　黄绿色荧光碳量子点用于刚果红的荧光传感　/164
6.2.1　YG-CDs 的制备与表征　/165
6.2.2　YG-CDs 的性能研究　/166
6.2.3　基于 YG-CDs 的荧光传感构建及对刚果红的测定　/168
6.2.4　YG-CDs 对刚果红的荧光传感机理　/171
6.2.5　YG-CDs 的细胞毒性及成像研究　/172

参考文献　/174

第 1 章

荧光传感技术概述

在分析检测领域，随着科学技术的进步，传统的分析方法已经不能满足现代技术发展的需要，如何构建现代化的分析方法，实现选择性好、灵敏度高、抗干扰能力强和可重复利用等特性变得尤为重要。化学传感是现代分析领域中使用较为广泛的一种分析检测技术，是一项涉及物理学、化学、生物和计算机等多学科交叉的方法技术。与传统的分析方法相比，化学传感可实现对离子、分子、蛋白质和 DNA 等物质的微量分析，并可借助现代分析仪器提高检测灵敏度，具有广泛的应用前景。

化学传感器是指利用化学键作用、静电作用、物理吸附或扩散等与响应物质产生相互作用，然后将检测物的浓度信号转化成可被仪器记录的光、电等物理信号，从而实现对其检测物的定量或定性分析的仪器设备。近几十年来，结合光谱学、电化学、生物免疫学、吸附动力学、色谱和催化等技术构建各种类型的传感器，在不同分析检测领域中的应用如雨后春笋般蓬勃发展。

在各类化学传感器中，随着物质与光的相互作用，以及吸收理论逐步完善并趋于成熟，借助荧光独有的魅力构建荧光传感器满足现代化的检测需求具有一定的意义。近年来随着荧光材料的层出不穷使得荧光传感器的构建可实现多元化，同时也在生命科学、食品检测、环境监测与化学等领域得到了广泛的应用。荧光传感器是以光谱学为基础，借助荧光特有性质，利用现代化荧光仪器而构建的一类传感器。荧光传感器的识别部位一般通过化学、物理吸附等作用与检测物实现特异性识别，这种特异性识别导致荧光发生相应的改变，从而实现对检测物的特异性选择和定量分析。起初荧光传感器被应用在离子检测领域，限制了其自身发展。随着酶与适配体的引入，使荧光传感器在蛋白质、DNA 等生物大分子领域的检测得到广泛研究。

随着社会经济的快速发展，对于有机污染物、添加剂、激素与农药等小分子的检测也变得越来越重要。构建选择性好、灵敏度高、抗干扰性强、重现性好及操作便捷的检测小分子类荧光传感器仍然面临着巨大的挑战。

1.1 荧光传感器简介

荧光传感器是利用传感器与分析物相互作用后产生光信号变化来对分析物进行定量分析。它具有高灵敏度、高选择性、操作简便、重现性好、设备简单等特点，已被广泛应用于物质的痕量和微量分析以及分子识别等领域。

1.1.1 荧光传感器的发展

彩虹一直是自然界"浪漫而有趣"的现象，但由于科学思维的限制一直不为人所理解。自十七世纪中叶，伟大的物理学家 Newton 通过三棱镜首次将可见光分解为类似于彩虹的光谱带，至此打开了人类深入研究光谱学的大门。一个世纪后 Hertz 通过实验证实了电磁波的存在并证明光是电磁波的一种。二十世纪初，Einstein 提出光具有波粒二象性理论也深入人心。经历长达三个世纪之久，光的理论才逐渐完善起来。可见光被分解成不同的色谱带是由于它是一种复色光，不同颜色的光本质是电磁波的频率和波长不同。一束光照在物质表面显示不同的颜色是因为物质吸收不同频率的光而造成的。1857 年，当 Stokes 借助分光计观察提纯的叶绿素和奎宁溶液时，发现发射光的波长总是相对于入射光的波长发生红移，将这种不同于以往的漫反射现象创造性地提出了"荧光"概念[1,2]。随着对荧光的研究逐渐深入，Jablonski 在 1935 年发表了关于分子产生荧光的光物理过程。

图 1-1 是从分子轨道角度阐述分子的荧光发射原理[3]。通常分子最外层电子处于能级最低的轨道保持分子稳定状态，属于基态（S_0）。当分子吸收特定频率的能量后，基态上的电子跃迁到激发态。当激发态中在同一轨道上的两个电子自旋方向相反时，属于单重激发态，例如第一单重激发态（S_1）或第二单重激发态（S_2）。当激发态中在同一轨道上的两个电子自旋方向平行时，则属于三重激发态，一般用 T 表示。处于激发态的电子极不稳定，会以辐射跃迁或无辐射跃迁的方式返回到 S_0 进而维持分子的稳定状态。其中无辐射跃迁主要有三种方式，分别是振动弛豫、内转换和系间窜越。处于激发态的电子通过振动弛豫作用从同一能态的高能级轨道

转移到低能级轨道。内转化主要是指单重态不同能级之间的衰减过程，例如从 S_2 衰减到 S_1 或者从 S_1 衰减到 S_0 的过程。系间窜越是指不同能态之间的衰减过程，例如从 S_1 衰减到三重激发态（T_1）或从 T_1 跃迁返回到 S_0。辐射跃迁包括荧光、磷光和延迟荧光三种方式。其中从 S_1 跃迁到 S_0 的辐射跃迁称作荧光，是一种短寿命光致发光现象。从 T_1 跃迁到 S_0 的辐射跃迁称作磷光，是一种长寿命光致发光现象。延迟荧光是电子首先从 S_1 通过系间窜越到 T_1，然后又返回到 S_1，最终以辐射跃迁的方式返回到 S_0 的荧光。

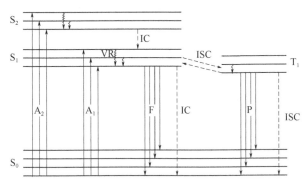

图 1-1　发光体系的 Jablonski 能级图
A—吸收；F—荧光；P—磷光；VR—振动弛豫；IC—内转换；ISC—系间窜越

荧光发光机理的研究奠定了荧光技术在不同领域的应用发展，实现了荧光技术成为现代分析检测的一种可行方法。起初对于香豆素类、苯并噻唑类、氧杂蒽类等荧光有机分子，利用荧光检测技术可以实现直接、快速、高效的定量检测。然而在检测分析中往往遇到的是非荧光物质，例如金属离子、有机小分子污染物、农药、食品添加剂与生物分子等，这些物质并不能像荧光物质那样直接利用荧光性质进行分析检测，限制了该分析方法的广泛应用。为了扩大荧光分析法的普遍性，实现对更多物质的分析检测，基于荧光传感器实现目标物的荧光分析检测应运而生。

1.1.2　荧光传感器的组成

荧光传感器是由识别部位（receptor）、荧光团（fluorophore）和连接基团（spacer）三部分组成（图 1-2）[4]。

识别部位是荧光传感与检测物发生相互作用的部位，属于选择性识别位点。这种识别作用主要包括化学键作用（螯合作用、配位作用与适配体作用等）、静电作用、疏水作用、物理吸附或扩散等[5-8]。识别部位不但要具有良好的特异识别性和较强的抗干扰能力，还应具有一定的化学惰性，所以构建合适的识别部位对荧光传感起着关键作用。

图 1-2　荧光传感器的组成

荧光团是荧光传感器的核心部件，它的主要作用就是将化学信号转化为荧光信号，利用荧光信号的变化（荧光发射峰的强度或波长发生改变、产生新的荧光信号等）实现对检测物的定量分析。同时荧光团还要求具有良好的荧光稳定性、抗光漂白性、高的荧光强度等以减小荧光传感的信噪比和提高检测的灵敏度。

连接基团是连接识别基团与荧光基团的重要桥梁，将识别部位与荧光团有机地连接起来使得浓度信号顺利地转化成光信号。

荧光传感器的设计关键：①构建合适的识别部位实现对检测分子选择性响应；②构建荧光信号稳定、重现性良好及抗干扰能力强的荧光团；③构建的荧光传感要满足信噪比低、灵敏度高、检出限低等要求。荧光传感器由于具有响应迅速、操作简单及灵敏度高等优点而备受研究者重视。

1.1.3　荧光性能基本常识

荧光传感是借助现代分析仪器完成的，例如紫外吸收光谱仪、荧光光谱仪和荧光寿命光谱仪等。这些仪器的测试可以反映荧光材料的结构、特性等。通常与荧光材料相关的概念包括吸收波长、激发波长、发射波长、量子产率和荧光寿命。

（1）吸收波长

荧光材料在紫外吸收光谱仪中记录的峰表示吸收峰，峰值对应的波长代表吸收波长。对于量子点而言，量子点的粒径越均匀则吸收峰半峰宽越窄。对于碳点，吸收峰的位置与电子跃迁有关，导致其吸收光谱具有相似性。理论上紫外吸收波长可以计算荧光材料的跃迁禁带，如公式（1-1）所示[9]：

$$\alpha h\nu = A(h\nu - E_g)^{\frac{n}{2}} \tag{1-1}$$

式中，E_g 是跃迁能级差；h 是普朗克常数；ν 是频率；α 是吸收系数；A 是吸收峰强度；n 值与荧光材料的跃迁方式有关，直接跃迁时 $n=1$，间接跃迁时 $n=4$。

因此可以根据紫外吸收波长计算不同的能级差，从而分析判断荧光材料的跃迁过程。

（2）激发/发射波长

荧光材料在荧光光谱仪中记录的峰为激发/发射峰。对于激发峰的选择可借鉴紫外吸收光谱，一般最佳吸收峰对应荧光材料的最佳激发峰。在激发波长下发出的峰为荧光发射峰，峰值的波长用发射波长表示。同时发射波长要比激发波长要长，这主要是因为存在无辐射跃迁导致发射波长能量衰减所致。发射波长与激发波长之差称斯托克斯位移（Stokes shift）[10]，与荧光染料相比，量子点具有较大的斯托克斯位移。

（3）量子产率

量子产率是衡量荧光强度的重要指标，它是指荧光材料吸收能量之后所产生荧光的能量与吸收总能量之比，通常用相对量子产率表示。水相通常选择硫酸奎宁和荧光素等作为参比，有机相通常用香豆素和罗丹明等作为参比。除此之外，参比的选择还要依据荧光材料的发射波长和吸收波长的位置。由式（1-2）可得荧光材料的量子产率[11]，式（1-3）为斜率的计算公式。

$$\Phi = \Phi_r \cdot \frac{\eta^2}{\eta_r^2} \cdot \frac{K}{K_r} \quad (1\text{-}2)$$

$$K = \frac{A}{S} \quad (1\text{-}3)$$

式中，下标 r 代表参比物质；Φ 代表量子产率；η 代表溶剂的折射率；K 代表斜率；A 代表对应发射波长处的吸收峰强度（吸光度）；S 代表荧光发射峰积分面积。为了减少计算误差，紫外吸收峰强度一般不大于 0.1。

（4）荧光寿命

荧光寿命是一个统计概念，指荧光强度衰减到初始荧光强度的 1/e 倍数时所经历的时间，它是评价荧光材料的另一个重要指标。为了便于计算和减小实验误差，通常用荧光平均寿命表示。公式（1-4）可用来计算荧光平均寿命[12]：

$$\tau_{\text{ave}} = \frac{\sum B_i \tau_i^2}{\sum B_i \tau_i} \quad (1\text{-}4)$$

其中 τ_i 和 B_i 是公式（1-5）拟合荧光寿命图谱得到的，即荧光强度与荧光寿命之间的关系：

$$I(t) = \sum_{i=1}^{n} B_i \exp(-t/\tau_i) \quad (1\text{-}5)$$

式中，$I(t)$ 是 t 时刻的瞬态荧光强度；τ_i 是第 i 指数拟合条件下的荧光寿命；B_i 是相应条件下荧光寿命所占的比重。由式（1-4）可知荧光寿命与荧光材料浓度无关，它属于荧光材料的固有属性。同时荧光平均寿命与量子产率可用式（1-6）和式（1-7）表示[13]：

$$k_r = \frac{\Phi}{\tau_{ave}} \tag{1-6}$$

$$k_r + k_{nr} = \frac{1}{\tau_{ave}} \tag{1-7}$$

式中，k_r 是辐射跃迁系数；k_{nr} 是无辐射跃迁系数。由式（1-6）和式（1-7）可知对于荧光材料而言，在确定平均荧光寿命与量子产率后可以计算辐射跃迁系数和无辐射跃迁系数。

1.2 荧光传感机制

荧光传感器，作为荧光分析应用的强力工具，其相关的响应机理主要是传感器中的识别基团与待测目标物特异性识别结合后，引发的物理化学等信号变化，比如分子间或分子内的电子、电荷或能量的转移造成荧光物质的荧光基团发生变化，进而引起体系荧光信号的改变，然后基于荧光信号的改变来实现目标物的识别与检测。下面着重介绍静态猝灭、动态猝灭、荧光共振能量转移、内滤效应、光诱导电子转移和聚集诱导发光这几种比较常见且应用较多的荧光传感机制。

1.2.1 静态猝灭

静态猝灭（static quenching effect，SQE）是指在猝灭剂的存在下，荧光物质与猝灭剂会相互作用生成一种非荧光复合物。此时复合物吸收能量以后，由于能级不匹配使得复合物仍处于基态，造成荧光分子数锐减从而导致荧光猝灭。对于 SQE 可以用 Stern-Volmer 公式（1-8）表示：

$$\frac{F_0}{F} = 1 + k_q c \tag{1-8}$$

式中，F_0 代表初始荧光强度；F 代表不同猝灭剂浓度条件下的荧光强度；c 是猝灭剂的总浓度；k_q 为猝灭常数。从公式（1-8）可以看出猝灭剂并不影响荧光物质本身的光电物理过程,即荧光分子猝灭前后它的荧光寿命不会发生改变。与此同时,新的复合物的形成会造成紫外吸收光谱的改变。从 SQE 的反应机理来看,温度影响反应过程,随着温度的升高,复合物稳定性降低从而造成荧光猝灭效率降低[3]。

1.2.2 动态猝灭

动态猝灭(dynamic quenching effect,DQE)是指当体系中加入猝灭剂后,它会与处于激发态的荧光分子相互作用,从而使得激发态的荧光分子不能以辐射跃迁的方式返回到基态。DQE 可用式(1-9)表示:

$$A^* + B \longrightarrow A + B \quad 或 \quad A^* + B \longrightarrow A + B^* \qquad (1-9)$$

式中,A 代表荧光分子;B 代表猝灭剂;*代表激发态。同时 DQE 与猝灭剂浓度之间的关系可以用公式(1-10)表示:

$$\frac{F_0}{F} = 1 + k_0 c = 1 + k_q \tau_0 c \qquad (1-10)$$

式中,τ_0 代表荧光寿命;k_q 代表猝灭常数。由公式(1-10)可知猝灭剂的存在影响荧光分子的光电物理过程,从而导致荧光分子猝灭前后它的荧光寿命发生改变。这也是区分 DQE 与 SQE 最为重要的指标。与 SQE 相反,反应体系温度升高则会导致粒子之间的碰撞效率增加,从而使得荧光猝灭效率同步增加。对于 DQE 来说,猝灭剂虽然影响荧光分子的发光过程,但并没有新的复合物生成,所以紫外吸收光谱不会发生改变。图 1-3 是 DQE 与 SQE 的区别[3]。

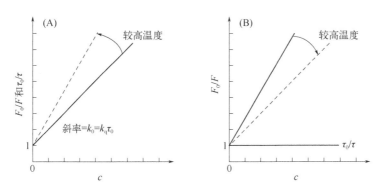

图1-3 DQE(A)与 SQE(B)的区别

1.2.3 荧光共振能量转移

荧光共振能量转移(fluorescence resonance energy transfer,FRET)属于物理荧

光猝灭过程，当给体荧光团的发射峰与受体荧光团的吸收峰发生部分重叠，并且两者的距离小于100Å时，处于激发态的给体荧光团与受体荧光团之间就会发生共振偶极作用，最终受体荧光团在给体荧光团的激发条件下产生荧光，而给体荧光团荧光变弱或消失。FRET 传递效率公式[14]：

$$E = \frac{R_0^6}{(R_0 + r)^6} \tag{1-11}$$

$$R_0^6 = 8.79 \times 10^{-25} k^2 n^{-4} \Phi J \tag{1-12}$$

式中，E 是 FRET 传递效率；R_0 是 Förster 半径；r 是给体荧光团与受体荧光团之间的距离；n 是介质的折射率；k 是荧光团之间的相对偶极取向；Φ 是给体的荧光量子产率；J 是给体荧光团的发射峰和受体荧光团的激发峰重叠的积分面积。由公式可知 r、k、Φ、J 都是影响 FRET 的重要因素，同时 FRET 的发生也会引起荧光寿命的改变。

Hu 等人[15]利用 FRET 机理实现对葡萄糖的间接检测。如图 1-4 所示，他们利用伴刀豆球凝集素 A（Con A）修饰绿色荧光的碲化镉量子点（CdTe QDs），氨基葡萄糖盐酸盐（NH$_2$-Glu）修饰红色荧光 CdTe QDs，使之满足 FRET 条件。随后在绿色荧光量子点中加入葡萄糖，由于它们之间发生相互作用，导致红、绿荧光量子点之间不能发生 FRET，使得绿色荧光恢复，从而实现对葡萄糖的定量检测。Zhang 等人[16]基于 FRET 通过一步法构建了石墨相氮化碳-二氧化锰纳米片（g-C$_3$N$_4$-MnO$_2$）荧光传感器，实现了对谷胱甘肽（GSH）的选择性检测。当体系中不存在 GSH 时，g-C$_3$N$_4$ 纳米片的荧光由于 MnO$_2$ 纳米片的沉积发生 FRET 而产生明显的猝

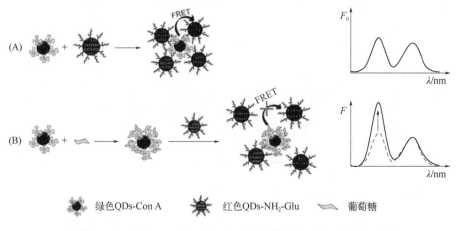

图 1-4　基于荧光共振能量转移机理实现对葡萄糖的间接检测

灭；而当体系中加入 GSH 后，MnO$_2$ 被还原成 Mn^{2+}，从而消除了 FRET，g-C$_3$N$_4$ 纳米片的荧光恢复。在最佳条件下，GSH 在水溶液中的检出限可达 0.2μmol/L。

1.2.4 内滤效应

内滤效应（internal filtration effect，IFE）不同于 SQE 和 DQE，它主要受猝灭剂浓度的影响，属于光电物理过程导致的荧光猝灭。这种由浓度原因造成的荧光猝灭，荧光分子猝灭前后荧光寿命不会发生改变。同时研究发现猝灭剂的紫外吸收光谱与荧光分子的荧光发射光谱发生重叠，往往存在 IFE。这主要是因为猝灭剂可以吸收荧光分子发射的荧光能量，重叠部分越大，IFE 越明显。对于 IFE 引起的荧光猝灭通常用公式（1-13）校准[17]：

$$\frac{F_{corr}}{F_{obs}} = \frac{2.3dA_{ex}}{1-10^{-dA_{ex}}}10^{gA_{em}}\frac{2.3sA_{em}}{1-10^{-sA_{em}}} \quad (1\text{-}13)$$

式中，F_{obs} 是观察到的荧光强度；F_{corr} 是校准后的荧光强度；A_{em} 与 A_{ex} 分别代表最大发射波长与最大激发波长的吸光度；s 是激发光束的厚度；g 是激发光束与比色皿底部之间的距离；d 是比色皿的厚度。

IFE 是由于物质对于激发或者发射光的吸收所导致荧光猝灭的一种现象。基于这种 IFE 所设计的探针不需要在其表面或靶向目标间进行任何修饰，探针的制备十分简单灵活。此外，由于 IFE 的传感体系可通过紫外吸收信号转换为荧光信号来实现目标物的检测，相对于其他荧光猝灭机制，基于 IFE 构建的传感器具有高的灵敏度和选择性。Li 课题组[18]设计出了一种便捷、灵敏的方法用于评估碱性磷酸酶（ALP）活性（图 1-5）。该方法将对硝基苯基磷酸酯（PNPP）作为 ALP 底物，其

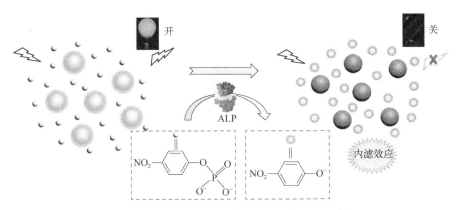

图1-5 基于荧光内滤效应检测碱性磷酸酶原理示意图

酶催化产物对硝基苯酚（PNP）对碳点的激发光具有强的吸收作用。当存在 ALP 时，PNPP 转化为 PNP，其在 310～405nm 区间存在紫外吸收，这导致 PNP 的吸收波长和碳点的激发波长重叠。由于竞争吸收，碳点的激发明显减弱，导致碳点的荧光猝灭。检测线性范围为 0.01～25U/L（R^2=0.996），理论检出限为 0.001U/L。

1.2.5　光诱导电子转移

光诱导电子转移（photoinduced electron transfer，PET）是指在激发光下，荧光分子的荧光基团（电子供体）和识别客体（电子受体）之间发生电子转移，导致荧光基团发生荧光猝灭。而当加入目标分析物以后，分析物与荧光基团或受体发生作用，抑制了 PET 过程，造成体系荧光恢复，构成"on-off-on"型探针。在早期的荧光传感器设计中，PET 是最常用的检测机理[19]。Yan 等人[20]将超声剥离与水热法结合，成功合成了水溶性二硫化钨量子点（WS$_2$QDs），构建了一种检测 Fe^{3+} 与硫辛酸（LA）的荧光传感器（图 1-6）。WS$_2$QDs 的荧光会被 Fe^{3+} 通过 PET 作用而猝灭，并且荧光强度与 Fe^{3+} 浓度具有良好的线性关系，表明 WS$_2$QDs 可作为用于 Fe^{3+} 检测的 "turn-off" 型荧光传感器。在硫辛酸（LA）的存在下，由于 Fe^{3+} 与 LA 的结合作用强于 Fe^{3+} 与 WS$_2$QDs 的作用，因此 WS$_2$QDs 的荧光会恢复到原有水平。基于此原理，WS$_2$QDs-Fe^{3+} 体系可用于 "turn-on" 检测 LA。

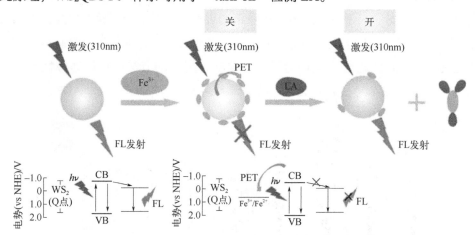

图 1-6　基于 WS$_2$QDs-Fe^{3+} 荧光传感器检测硫辛酸原理示意图

1.2.6　聚集诱导发光

通常情况下，荧光分子在浓度较大时会由于内滤作用导致荧光猝灭，而一些特殊的荧光分子在分散状态时基本没有荧光，而聚集状态荧光强度却大幅度增强，此现象称为聚集诱导发光（aggregation induced emission，AIE）。AIE 现象可以解释为，处于分散状态的荧光分子内部的振动、转动等现象较为活跃，激发态分子的光能大多用来支持内部热量的消耗，量子产率较低。而聚集状态的荧光分子相互之间的作用力牵制了彼此的运动，转化为热能的比例大幅度减小，量子产率提高，表现出强烈的荧光。

1.3 荧光纳米传感技术

随着社会的发展和科学技术水平的提高，高灵敏度、高选择性和简单快速的传感技术应运而生并日益发展壮大。根据传感技术信号的不同，传感技术主要分为电化学传感技术、荧光传感技术和比色传感技术等几类。荧光传感技术具有分析速度快、选择性好、灵敏度高、携带方便、易于现场分析、易微型化和多功能化等优点，成为当前的科研热点[21]。人们最早发现的荧光材料主要有荧光蛋白和有机荧光染料，如荧光素类、香豆素类和罗丹明类等。然而，传统有机荧光染料存在激发光谱窄、荧光稳定性差和荧光寿命短、荧光组织穿透性差、生物毒性等缺点，难以对分析物进行高通量检测；荧光蛋白分子大，稳定性差，易受环境影响而失去活性。这些因素都限制了传统荧光材料的应用，阻碍了荧光传感技术的发展[22]。而纳米材料的出现和发展为荧光传感技术提供了一种新的手段和技术支持，对荧光传感技术的发展具有重要的推动作用。

1.3.1 荧光纳米材料

纳米材料是指物质尺寸达到纳米尺度（尺度大小在 1~100nm 之间），并且这类纳米物质具有不同于原来物质的微观或者宏观性质，如量子隧道效应、小尺寸效应、表面效应及量子尺寸效应[23]。除此之外，许多纳米材料还具有一个新的性质，即荧光发射性质，因此出现了许多新型的荧光纳米材料，如金纳米簇、碲化镉量子点、石墨烯量子点和上转换纳米荧光颗粒[24]。

相比于有机荧光染料和荧光蛋白分子，荧光纳米材料在构建荧光传感器时具有以下优势：①可以作为载体，荧光纳米材料表面具有多种结合位点，使其易于修饰或功能化，构建的传感器具有特异性高、性质稳定和荧光性质优异等优点；②毒性较小且不会与化学物质或者生物分子非特异性结合；③较好的水溶性和光稳定性；

④容易进入细胞或者组织，可以特异性识别靶点位置；⑤制备更为简单快速。由于荧光纳米材料的多种特性（例如尺寸小、量子限域效应、表面效应和磁/电/光学特性），基于荧光纳米材料的传感器有望实现对目标物的快速、特异性和高灵敏度检测，在分析检测领域具有巨大的应用潜力[22]。

1.3.2 荧光纳米传感技术的应用

目前，荧光纳米传感器的构建主要是基于荧光纳米材料与目标物发生特异性作用，实现目标物的荧光传感检测，广泛应用于离子、小分子和生物大分子等物质的分析检测。

(1) 离子检测

在离子检测领域荧光纳米传感技术是重要的分析检测手段。Xie 等人[25]利用牛血红蛋白稳定的 Au 簇实现对 Hg^{2+} 离子的选择性检测，其中检出限是 0.5nmol/L。Dong 等人[26]利用树枝状的聚乙烯亚胺修饰碳点，实现对 Cu^{2+} 离子的选择性响应，同时将这种荧光猝灭作用归结为 IFE。Qian 等人[27]基于荧光增强作用，利用溶剂热法制备的碳点实现了对 Ag^+ 的选择性检测。此外，Fe^{3+}[28]、Pb^{2+}[29]、Cr^{6+}[30]、F^-[31]、S^{2-}[32]、I^-[33]、PO_4^{3-}[34] 和 ClO^-[35]等离子检测也都被大量报道。

(2) 小分子检测

在小分子检测领域，借助荧光纳米传感技术实现了对有机污染物、添加剂、生物小分子及农药等的定量检测。Zhu 等人[36]利用色氨酸与海藻酸钠通过水热法合成碳点，基于碳点构筑的荧光传感器对维生素 C 具有选择性响应，荧光猝灭的原因归结为 IFE 和 SQE 的协同作用，最低检出限是 50nmol/L。Zhao 等人[37]利用 Mn 掺杂 ZnS 量子点实现对姜黄素的选择性检测，通过荧光寿命的测定发现 PET 是导致 ZnS 量子点荧光猝灭的主要原因（图 1-7）。Ramar 等人[38]利用谷胱甘肽作为稳定剂，将 $AgNO_3$ 还原成具有稳定荧光的 Ag 簇。多巴胺上的氨基与谷胱甘肽上的羟基形成稳定的氢键作用力，从而导致荧光猝灭，实现了对多巴胺的定量检测。此外，荧光纳米传感器在金丝桃苷[39]、桑色素[40]、苋菜红[41]、杨梅素[42]、刚果红[43]和新胭脂红[44]等小分子检测方面也有诸多研究。

(3) 生物大分子检测

不同于小分子检测，蛋白质、核酸和 DNA 等生物大分子的检测近年来也备受重视。Wang 等人[45]利用电化学法合成碳点，并构建荧光传感实现对血红蛋白的检测，最低检出限达到 30pmol/L，血红蛋白导致的荧光猝灭是由于 FRET 引起的。Zhao 等人[46]利用 L-半胱氨酸修饰的 ZnS 量子点通过协同与静电作用与核酸选择性识别导致荧光增强。Li 等人[47]利用合成的氮掺杂的碳点间接检测磷酸酶。利用对硝基苯磷酸酯通过磷酸酶转化成对硝基苯酚，新生成的对硝基苯酚由于对碳点产生 IFE 导致荧光猝灭，从而实现对磷酸酶的间接检测，在 0.01~25U/L 的浓度范围内具有良好的线性关系。Deng 等人[48]利用金纳米簇（AuNCs）实现对硫酸酯酶的间接检测。通过酶的作用将对硝基苯硫酸盐转化成对硝基苯酚，基于 AuNCs 的双发射系统，对硝基苯酚由于 IFE 导致蓝色荧光猝灭，从而构建比率型荧光传感器间接检测硫酸酯酶。

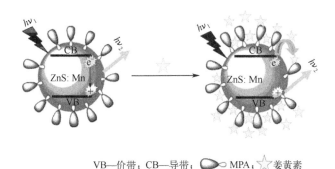

VB—价带；CB—导带； MPA； 姜黄素

图 1-7 Mn 掺杂的 ZnS 量子点对姜黄素的选择性响应

参考文献

[1] Stokes G G. On the composition and resolution of streams of polarized light from different sources[J]. Transactions of the Cambridge Philosophical Society, 1852, 9: 399-416.

[2] Stokes G G. On the change of refrangibility of light[J]. Philosophical Transactions of the Royal Society of London, 1852, 142: 463-562.

[3] Lakowicz J R. Principles of fluorescence spectroscopy, 2nd ed[C]. Maryland, Springer Science and Business Media New York, 1999.

[4] 韩翔. 罗丹明类比率型荧光探针构建及生物传感应用[D]. 咸阳: 西北农林科技大学, 2018.

[5] Chen B, Yang Y, Zapata F, et al. Luminescent open metal sites with in a metal-organic framework for sensing small molecules[J]. Adv Mater, 2007, 19: 1693-1696.

[6] Liu Z, Li Y, Ding Y, et al. Water-soluble and highly selective fluorescent sensor from naphthol aldehyde-tris derivate for aluminium ion detection[J]. Sens Actuators B Chem, 2014, 197:200-205.

[7] Zhang G, Li T, Zhang J, et al. A simple FRET-based turn-on fluorescent aptasensor for 17β-estradiol determination in environmental water, urine and milk samples[J]. Sens Actuators B Chem, 2018, 273: 1648-1653.

[8] Kohri M, Nannichi Y, Kohma H, et al. Size control of polydopamine nodules formed on polystyrene particles during dopamine polymerization with carboxylic acid-containing compounds for the fabrication of raspberry-like particles[J]. Colloids Surf A Physicochem Eng Asp, 2014, 449: 114-120.

[9] Wang Q, Guan S, Li B, et al. 2D graphitic-C_3N_4 hybridized with 1D flux-grown Na-modified $K_2Ti_6O_{13}$ nanobelts for the enhanced simulated sunlight and visible-light photocatalytic performance[J]. Catal Sci Technol, 2017, 7: 4064-4078.

[10] Yang F, Wilkinson M, Austin E. J, et al. Origin of the stokes shift: a geometrical model of exciton spectra in 2D semiconductors[J]. Phys Rev Lett, 1993, 70: 323-326.

[11] Brouwer A M. Standards for photoluminescence quantum yield measurements in solution[J]. Pure Appl Chem, 2011, 83: 2213-2228.

[12] Schlegel G, Bohnenberger J, Potapova I, et al. Fluorescence decay time of single semiconductor nanocrystals[J]. Phys Rev Lett, 2002: 137401.

[13] Deiana M, Mettra B, Mazur L. M, et al. Two-photon macromolecular probe based on a quadrupolar anthracenyl scaffold for sensitive recognition of serum proteins under simulated physiological conditions[J]. ACS Omega, 2017, 2: 5715-5725.

[14] Bunt G, Wouters F S. Fret from single to multiplexed signaling events[J]. Biophys Rev, 2017, 9: 119-129.

[15] Hu B, Zhang L. P, Chen M. L, et al. The inhibition of fluorescence resonance energy transfer between quantum dots for glucose assay[J]. Biosens Bioelectron, 2012, 32: 82-88.

[16] Zhang X L, Zheng C, Guo S S, et al. Turn-on fluorescence sensor for intracellular imaging of glutathione using g-C_3N_4 nanosheet-MnO_2 sandwich nanocomposite[J]. Anal Chem, 2014, 86(7): 3426.

[17] Guo X, Yue G, Huang J, et al. Label-free simultaneous analysis of Fe(Ⅲ) and ascorbic acid using fluorescence switching of ultrathin graphitic carbon nitride nanosheets[J]. ACS Appl Mater Interfaces, 2018, 10: 26118-26127.

[18] Li G, Fu H, Chen X, et al. Facile and sensitive fluorescence sensing of alkaline phosphatase activity with photoluminescent carbon dots based on inner filter effect[J]. Anal Chem, 2016, 88(5): 2720.

[19] De Silva A P, Hq G, Thorfinnur G, et al. Signaling recognition events with fluorescent sensors and switches[J]. Chem Rev, 1997, 97(5): 1515-1566.

[20] Yan Y, Zhang C, Gu W, et al. Facile synthesis of water-soluble WS_2 quantum dots for turn-on fluorescent measurement of lipoic acid[J]. J Phys Chem C, 2016, 120(22): 12170-12177.

[21] 崔淑芬. 荧光分析法在纳米生物分析中应用研究进展[J]. 深圳职业技术学院学报, 2007(01): 21-26.

[22] Resch G. U, Grabolle M, Cavaliere J S, et al. Quantum dot versus organic dyes as fluorescent labels[J]. Nat Methods, 2008. 5(9): 763-775.

[23] Lan L, Yao Y, Ping J, et al. Recent advances in nanomaterial-based biosensors for antibiotics detection[J]. Biosens Bioelectron, 2017, 91: 504-514.

[24] 平建峰. 基于纳米功能材料的乳品安全和品质快速检测方法与仪器研究[D]. 杭州: 浙江大学, 2012.

[25] Xie J, Zheng Y, Ying J Y, et al. Highly selective and ultrasensitive detection of Hg^{2+} based on fluorescence quenching of Au nanoclusters by Hg^{2+}-Au^+ interactions[J]. Chem Commun, 2010, 46: 961-963.

[26] Dong Y, Wang R, Li G, et al. Polyamine-functionalized carbon quantum dots as fluorescent probes for selective and sensitive detection of copper ions[J]. Anal Chem, 2012, 84: 6220-6224.

[27] Qian Z, Ma J, Shan X, et al. Highly luminescent N-doped carbon quantum dots as an effective multifunctional fluorescence sensing platform[J]. Chem Eur J, 2014, 20(11): 2254-2263.

[28] Qu K, Wang J, Ren J, et al. Carbon dots prepared by hydrothermal treatment of dopamine as an effective

fluorescent sensing platform for the label-free detection of iron (Ⅲ) ions and dopamine[J]. Chem Eur J, 2013, 19(22): 7243-7249.

[29] Shui S W, Yann H N, Sing M N. Synthesis of fluorescent carbon dots via simple acid hydrolysis of bovine serum albumin and its potential as sensitive sensing probe for lead (Ⅱ) ions[J]. Talanta, 2013, 116: 71-76.

[30] Zheng M, Xie Z, Qu D, et al. On-off-on fluorescent carbon dot nanosensor for recognition of chromium (Ⅵ) and ascorbic acid based on the inner filter effect[J]. ACS Appl Mater Interfaces, 2013, 5(24):13242-13247.

[31] Liu J, Lin L, Wang X, et al. $Zr(H_2O)_2$ EDTA modulated luminescent carbon dots as fluorescent probes for fluoride detection [J]. Analyst, 2013, 138(1): 278-283.

[32] Hou X, Zeng F, Du F, et al. Carbon-dot-based fluorescent turn-on sensor for selectively detecting sulfide anions in totally aqueous media and imaging inside live cells[J]. Nanotechnology, 2013, 24(335502).

[33] Du F, Zeng F, Ming Y, et al. Carbon dots-based fluorescent probes for sensitive and selective detection of iodide[J]. Mikrochim Acta, 2013, 180: 453-460.

[34] Zhao H. X, Liu L. Q, Liu Z. D, et al. Highly selective detection of phosphate in very complicated matrixes with an off-on fluorescent probe of europium-adjusted carbon dots[J]. Chem Commun, 2011, 47(9): 2604-2606.

[35] Yin B, Deng J, Peng X, et al. Green synthesis of carbon dots with down- and up-conversion fluorescent properties for sensitive detection of hypochlorite with a dual-readout assay[J]. Analyst, 2013, 138(21): 6551-6557.

[36] Zhu X, Zhao T, Nie Z, et al. Non-redox modulated fluorescence strategy for sensitive and selective ascorbic acid detection with highly photoluminescent nitrogen-doped carbon nanoparticles via solid-state synthesis[J]. Anal Chem, 2015, 87: 8524-8530.

[37] Zhao X, Li F, Zhang Q, et al. Mn-doped ZnS quantum dots with 3-mercaptopropionic assembly as the ratiometric fluorescence probe for curcumin detection[J]. RSC Adv, 2015, 5: 21504-21510.

[38] Ramar R, Malaichamy I. Highly selective and sensitive biosensing of dopamine based on glutathione coated silver nanoclusters enhanced fluorescence[J]. New J Chem, 2017, 41: 5244-15250.

[39] Liu L Z, Mi Z, Hu Q, et al. One-step synthesis of fluorescent carbon dots for sensitive and selective detection of hyperin[J]. Talanta, 2018, 186: 315-321.

[40] Liu L Z, Mi Z, Hu Q, et al. Green synthesis of fluorescent carbon dots as an effective fluorescence probe for morin detection[J]. Anal Chem, 2019, 11(3): 353-358.

[41] Liu L Z, Feng F, Paau M C, et al. Sensitive determination of kaempferol using carbon dots as a fluorescence probe[J]. Talanta, 2015, 144: 390.

[42] Liu L Z, Mi Z, Guo Z Y, et al. A label-free fluorescent sensor based on carbon quantum dots with enhanced sensitive for the determination of myricetin in real samples[J]. Microchem J, 2020, 157: 104956.

[43] Liu L Z, Mi Z, Wang J L, et al. A label-free fluorescent sensor based on yellow-green emissive carbon quantum dots for ultrasensitive detection of congo red and cellular imaging[J]. Microchem J, 2021, 168: 106420.

[44] Liu L Z, Mi Z, Huo X Y, et al. A label-free fluorescence nanosensor based on nitrogen and phosphorus co-doped carbon quantum dots for ultra-sensitive detection of new coccine in food samples[J]. Food Chem, 2022, 368: 130829.

[45] Wang C, Wu W, Periasamy A, et al. Electrochemical synthesis of photoluminescent carbon nanodots from glycine for highly sensitive detection of hemoglobin[J]. Green Chem, 2014, 16: 2509-2514.

[46] Zhao L, Wu X, Ding H, et al. Fluorescence enhancement effect of morin-nucleic acid-L-cysteine-capped

nano-ZnS system and the determination of nucleic acid[J]. Analyst, 2008, 3: 896-902.
[47] Li G, Fu H, Chen P, et al. Facile and sensitive fluorescence sensing of alkaline phosphatase activity with photoluminescent carbon dots based on innerfilter effect[J]. Anal Chem, 2016, 88: 2720-2726.
[48] Deng H H, Peng H P, Huang K Y, et al. Self-referenced ratiometric detection of sulfatase activity with dual-emissive urease-encapsulated gold nanoclusters[J]. ACS Sens, 2019, 4: 344-352.

第2章

基于碳量子点的荧光传感技术

随着社会的发展，科技的进步，荧光材料在生物、医学、电子器件和光传感等领域中逐渐发挥越来越重要的作用。其中荧光传感器是最为广泛的一种应用。目前利用荧光材料构建荧光传感器检测小分子仍然具有很大的挑战。自 2004 年首次发现碳量子点（carbon quantum dots，CDs）以来，科研人员对 CDs 的研发与探究从未停止，在 CDs 的合成机制、材料表征、实际应用等方面都得到了快速的发展。CDs 是光致发光较好的低毒性荧光纳米材料。作为传统量子点的优质替代材料，CDs 具有易于制备、生物相容性好、细胞毒性低、水溶性好、易于功能化等特点，常被用于荧光传感器的构建，在荧光传感领域具有好的应用前景和潜在价值。

2.1 碳量子点简介

碳元素在地球上的丰度高，也是构成生物体的基础元素之一，在人类社会发展和现代科技进步中起到了不可替代的作用。由于其原子结构的特殊性，碳元素能形成各种各样的同素异形体，比如金刚石、石墨、无定形碳等。随着纳米技术的不断发展进步，碳纳米管[1]、碳纳米纤维[2]、石墨烯[3]和富勒烯[4]等新型碳纳米材料不断涌现并得到快速的发展。近年来，另一种新型的碳纳米材料——CDs 被发现且合成出来，进一步拓宽了碳纳米材料的应用范围。CDs 是一种新型零维碳纳米材料，2004 年，Xu 等人[5]在电弧放电制备单壁碳纳米管的分离纯化过程中，意外地发现了这类发光的碳纳米粒子。2006 年，Sun 等人[6]首次将该发荧光的物质命名为"碳量子点",从那时起,有关 CDs 的相关研究呈指数增长。CDs 是量子点中的一类,是一种近似球形且粒径小于 10nm 的零维碳纳米材料[7],由以 sp^2 杂化为主的碳核中心以及富有大量官能团的表面结构所组成[8],可分散于水或有机溶剂中。与有机染料相比,CDs 克服了有机染料的缺点[9],比如发射光谱范围宽、易散射、易光漂白、光化学性质不稳定等。与传统的半导体金属量子点相比,CDs 除了具备金属量子点的性质外,还具有良好的生物相容性、低毒性、易于功能化等优点[10-12],在生物、医学、化学、材料等领域的研究中显示出巨大的应用潜力。

2.2 碳量子点的制备方法

目前,研究者建立了多种合成 CDs 的方法,这些方法归纳起来,主要包括两大类:自上而下法和自下而上法。自上而下法是 CDs 从大尺寸的碳靶上通过某种方法剥离下来或粉碎成小粒径后而形成;自下而上法是 CDs 由含碳的分子前驱体制备而得。自上而下法主要包括电弧放电法、化学氧化法、电化学法和激光烧蚀法等,而自下而上法主要包括热分解法、水热合成法、微波合成法和超声波法等。

2.2.1 电弧放电法

电弧放电法是指在一定的气氛和压力下,阳极与阴极接触产生持续的电弧放电,阳极棒在高温下气化后沉积生成产物的过程。2004 年,Scrivens 等人[3]在纯化用电弧放电制备的单壁碳纳米管(SWCNTs)时,无意中发现了在紫外灯下发出荧光的物质,通过凝胶电泳进一步分离得到了呈蓝绿色、黄色和橘红色荧光的 CDs。2005 年,Mustelin 等人[1]将电弧放电制备的碳纳米管分散在十二烷基硫酸钠中,超声处理并离心得到功能化的 CDs。2011 年,Sun 等人[13]以石墨棒为电极,通过电弧放电制备得到粒径约 8nm 的 CDs。尽管电弧放电法制备 CDs 具有低成本和易操作等优点,但制得的 CDs 具有形貌可控性差、尺寸分布不均匀、荧光量子产率较低等缺点。

2.2.2 化学氧化法

化学氧化法是通过使用强氧化剂(硝酸、硫酸和过氧化氢)切割碳材料以合成 CDs 的方法。这种方法具有操作简单、合成快、重复性高等特点,适用于大规模生产CDs的工业中。Liu等人[14]首次通过化学氧化法合成粒径小于2nm，荧光量子产率为0.8%～1.9%之间的CDs，并通过提纯分离CDs的方法得到了一系列具有不同波长的CDs。在没有加热加压的情况下，Meng等人[15]使用甲酸和过氧化氢为氧化剂，沥青粉为碳源，通过化学氧化法得到了不同尺寸（3～5nm）的CDs（图2-1）。所合成CDs的荧光量子产率高达49%，并可用于CDs的大规模生产，满足了工业上对CDs的大量需求。Zhang等人[16]在没有加热加压的情况下，使用浓硝酸和浓硫酸为氧化剂处理富勒烯碳黑，获得了荧光量子产率在3%～5%之间、发射黄色荧光的CDs。相比于蓝光，黄色荧光在生物应用方面有更好的潜在优势。化学氧化法制备CDs的过程通常对实验操作要求较高，并需要使用高腐蚀性的强氧化试剂。因此，开发新型温和的氧化剂是化学氧化法制备CDs的重要研究方向。

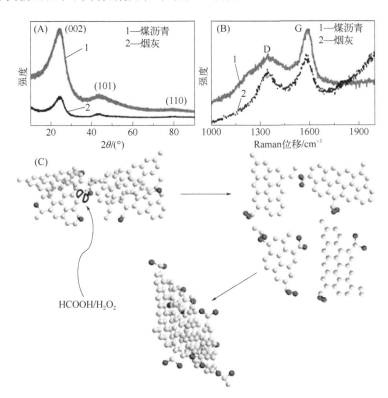

图2-1 煤沥青和烟灰结构的（A）X射线衍射谱和（B）拉曼光谱；
（C）甲酸和H_2O_2的混合物处理沥青形成CDs的示意图

2.2.3 电化学法

碳材料都具有导电性，将碳材料作为电极，选取合适的电解质溶液，在一定的电压下，阳极发生氧化反应一段时间后，碳材料上的碳纳米颗粒会从电极上脱落下来，从而获得 CDs。Han 等人[17]用石墨棒作电极，平行插入盛有 500mL 超纯水的烧杯中，通有 30V 的直流电 120h，阳极石墨棒不断被腐蚀，最后得到粒径大小为 3.4nm 的 CDs。Shao 等人[18]用石墨棒作电极，0.2~0.4g NaOH 溶解于 100mL 的乙醇水溶液中作为支持电解质溶液，在电流强度为 20mA/cm² 下，通电 10h，制得 CDs 产品。Deng 等人[19]用两根铂电极分别作为工作电极和辅助电极，甘汞电极作为参比电极，乙醇胺、H_2O 和 NaOH 混合溶液作为电解质溶液，电流密度 15~100mA/cm²，通电反应 5h 后，电解质溶液由透明变为棕色，加入乙醇后放置一夜析出 NaOH 固体，将获得的溶液在 60℃ 的条件下，加热 24h，除去多余的醇类，制得 N 掺杂的 CDs——N-CDs（图 2-2）。Hao 等人[20]用两根石墨棒作电极，平行插入磷酸溶液中，间距 7.5cm，通有 20V 的直流电 120h，阳极石墨棒不断被腐蚀，同时溶液变为深黄色，最后制得 CDs 产品。

图 2-2　电化学法合成 N-CDs

2.2.4　激光烧蚀法

激光烧蚀法是通过激光束对碳靶进行照射，将碳纳米颗粒从碳靶上剥落下来，从而获得 CDs 的方法。Sun 等人[6]将石墨和黏合剂混合后通过热压制成了碳靶，依次通过烘烤、固化和氩气保护的低温退火处理，用激光（1064nm，10Hz）对碳靶进行烧蚀，然后将所得产品在 2.6mol/L 的硝酸溶液中加热回流 12h，得到 CDs 样品。Hu 等人[21]将平均粒径为 2μm 的石墨粉末溶解于二胺水合物、二乙醇胺和聚乙二醇三种混合溶剂中，用激光对混合溶液进行照射，在照射过程中，对混合溶液进行超声处理来促进石墨粉末的粉碎，照射 2h 后，制得 CDs 样品（图 2-3）。

2.2.5　热分解法

热分解法是通过加热的方法，使反应物发生裂解、碳化，从而获得 CDs 的方法。Mao 等人[22]将聚丙烯酸与丙三醇混合，在 230℃ 下将其碳化分解，制得平均粒径为3.4nm，发白色荧光的CDs。Yuan等人[23]先将4,7,10-三氧-1,13-十三烷二胺与丙三醇混合，在氮气环境下加热到220℃，然后将柠檬酸快速地加入混合液，在220℃条件下，加热3h，经碳化后制得CDs。Hola等人[24]将没食子烷基酯在270℃的高温下热解2h，得到带有不同烷基官能团的CDs。Dong等人[25]将支化聚亚胺和柠檬酸混合后，在200℃下将其碳化分解，制得荧光量子产率为42.5%的CDs。

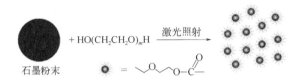

图2-3 激光烧蚀法合成CDs

2.2.6 水热合成法

水热合成法是以水为溶剂，在密闭容器中，高温高压条件下，碳源发生碳化合成CDs的方法。Barman等人[26]将柠檬酸和二亚乙基三胺以摩尔比1∶4混合后，置于聚四氟乙烯高压釜中，在170℃下反应1h，制得荧光量子产率高达64%的CDs。Wang等人[27]将牛奶和水混合后，置于反应釜中，在180℃下反应2h，制得粒径为3nm的发蓝色荧光的CDs产品。Shen等人[28]将苯基硼酸和水混合后，用氢氧化钠将pH调至9，用氮气除去溶解在混合液中的氧气后，将混合液置于高压釜中，在160℃下反应8h，制得粒径为4.5nm的CDs。Wang等人[29]将叶酸和水混合后，置于高压釜中，在180℃下反应2h，制得荧光量子产率为23%的CDs。Arumugham等人[30]通过水热处理长春花，在200℃下反应4h，合成了具有荧光稳定性的CDs（图2-4）。

图2-4 水热法合成CDs

2.2.7 微波合成法

微波合成法是利用微波的能量打断含碳化合物本身的化学键合，然后再使其发生脱水、聚合，最终碳化形成CDs的一种方法。仪器设备要求低，操作时间短，是一种高效制备 CDs 的方法。Tang 等人[31]将盐酸胍和 EDTA 混合后，在微波条件下反应 2min 后，制得粒径为 5nm 的 CDs。Zhang 等人[32]先将甘油和 PEG1500 混合后，在微波条件下反应 1min，然后将丝氨酸加入反应后的混合液中，在微波条件下再反应 6min，制得 CDs。Zhang 等人[33]将聚乙烯乙二醇和抗坏血酸混合后，在微波条件下反应 2min，制得可溶于水的 CDs。Xiao 等人[34]将壳聚糖溶液在微波中反应 9.5min 后，制得 CDs。Yin 等人[35]将聚乙烯亚胺（PEI）和丙三醇混合后，在微波条件下反应 10min，制得 PEI-CDs 产品。

2.2.8 超声波法

利用超声波产生的高能环境，促使反应物发生化学反应或者将大颗粒物质粉碎为小颗粒，从而获得 CDs。Costas-Mora 等人[36]将果糖、聚乙烯乙二醇和乙醇混合后，在超声波下反应 1min，制得 CDs。Park 等人[37]将 100kg 的食品垃圾溶于 500L 乙醇（10%）中，在 40kHz 下，超声处理 45min 后，制得粒径为 4nm，可溶于水的 CDs（图 2-5）。Zhu 等人[38]用锂电池的石墨棒作碳源，在超声波下处理 2h 后，制得粒径为 3.5nm，水溶性好的 CDs。

图 2-5　超声波处理食品垃圾制得 CDs

2.3　碳量子点的性质

通常，CDs 由 sp^2 或 sp^3 杂化的碳核中心和被有机物或生物分子钝化的表面组成。CDs 表面的功能基团通常有羟基、羧基、羰基和环氧基等，使其具有很好的水溶性。然而 CDs 具有不同的结晶度和复杂的微观结构，会导致其具有不同的特性。

2.3.1 光学特性

（1）吸收特性

通过不同方法合成的 CDs 具有不同的化学结构，它们通常在紫外波长区域（200~400nm）表现出较强的吸收性质，并且会延伸到可见光波长范围内。这是由 C=C 键的 $\pi \rightarrow \pi^*$ 跃迁以及 C=O 键、C=N 键的 $n \rightarrow \pi^*$ 跃迁所致[39]。

CDs 的紫外-可见吸收特征峰主要受表面基团的种类、π 共轭结构的大小以及碳核中 O/N 含量比的影响。其中发射红色或者近红外荧光的 CDs，通常具有大的 sp^2 杂化碳结构，或者表面修饰的聚合物链中含有丰富的 π 共轭电子，这导致它们在长波长区域（500~800nm）有吸收[40]。Li 等人[41]以柠檬酸和尿素为原料通过水热法以及进一步的碱处理（NaOH）合成了金属阳离子修饰的碳量子点 1（CDs-1），随后通过酸处理（HCl）得到碳量子点 2（CDs-2）。由于大面积的 sp^2 杂化碳结构，CDs-1 和 CDs-2 在 540nm 波长处有紫外-可见吸收特征峰。CDs-2 在 540nm 处的紫外-可见吸收特征峰的半峰宽比 CDs-1 更宽，表明 CDs 的紫外-可见吸收特征峰与其表面带电荷的官能团有关。

（2）荧光特性

荧光性能是 CDs 最引人瞩目的性质之一。与其他荧光材料如含有镉或铅的传统量子点、稀土纳米材料和有机小分子染料相比，CDs 具有更高的光稳定性、更高的荧光量子产率、更低的毒性、更好的生物相容性和丰富的低成本来源，在各个领域被广泛应用。CDs 发光包括光致发光和上转换光致发光[42,43]，前者是斯托克斯发光而后者是反斯托克斯发光。斯托克斯发光是发射波长比激发波长长的发光，反斯托克斯发光是发射波长比激发波长短的发光。与光致发光不同，上转换光致发光发射的光的能量比激发光的能量要高，导致发射光的波长短于激发光的波长。上转换发光的机理通常是 CDs 的电子同时吸收了多个光子，导致其被激发至更高的振动能级。

在大多数情况下，CDs 发射蓝色或绿色的荧光，这大大束缚了它们在生物医学领域上的应用。最近，很多研究团队通过改变原材料和反应条件合成了红色或近红外荧光的 CDs[44,45]。Yang 团队[46]通过调整硝酸的含量成功制备了荧光量子产率为 31% 的红色荧光 CDs。Xiong 等人[47]以对苯二胺和尿素为原料通过水热法合成了包括红色荧光的全色荧光 CDs（图 2-6）。Sun 团队[48]使用非芳香族化合物柠檬酸和尿素为前驱体，通过改变反应温度和反应物的比例，成功制备了红色荧光 CDs。

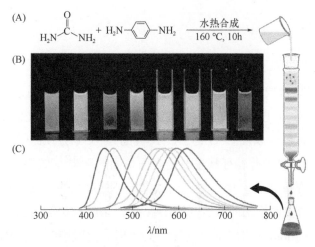

图 2-6 多色荧光 CDs 的合成和 PL 光谱

另外，由于高色纯度的 CDs 在生物成像和光电设备中有着相对大的优势，研究人员一直致力于研究发射带窄的 CDs。已有研究报道了一些荧光发射半峰宽（FWHM）在 20～40nm 范围内的 CDs[44,49]。Fan 等人[49]合成了一系列 FWHM 为 30nm 的多色荧光 CDs，不具有激发波长依赖性，所合成的 CDs 具有较高的结晶度和独特的刚性三角形结构，其表面大量的羟基可以产生弱的电子-光子相互作用，这些都使其具有很高的颜色纯度。Liu 等人[44]使用干燥的红豆杉豆为原料制备了 FWHM 为 20nm、荧光量子产率为 59%的深红色荧光 CDs（图 2-7），该 CDs 由碳核和聚合物链修饰的外层组成，具有独特的聚合物特性。实验结果表明，N 掺杂的杂环和大面积 π 共轭体系使其具有较高的荧光量子产率和较窄的 FWHM。

此外，大部分的 CDs 具有激发波长依赖性的特点，即荧光发射波长随着激发波长的增加而发生红移。这可能是 CDs 的多个荧光发射中心和广泛分布的不同能级所致。因此，CDs 可以不需要改变其化学结构或者尺寸大小，直接通过调节激发波长改变其荧光发射波长，这大大促进了其在多色荧光生物成像上的应用[50]。

（3）磷光特性

室温磷光（Room temperature phosphorescence，RTP）是 CDs 的独特性质之一，它是通过两个关键过程产生的：①从激发单重态到三重态的跃迁；②从最低激发三重态到基态的辐射。此外，增加自旋-轨道耦合可以促进单重态到三重态的激子跃迁以此促进 RTP 的产生。与此同时，抑制三重态激子的无辐射跃迁对 RTP 的产生也起到至关重要的作用[51]。

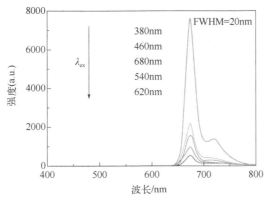

图 2-7　深红色荧光 CDs 的合成和 PL 光谱

RTP 材料已广泛应用于生物成像、生物传感和光学器件等领域。传统的 RTP 材料有无机物或者金属配合物，但是毒性大和价格高等缺点大大限制了它们在实际中的应用。最近几年，研究人员已开发和合成出荧光量子产率高且磷光余辉长的 CDs[52]。已有研究表明 C=O 键和 C=N 键可以促进 RTP 的产生，C=O 键和 C=N 键之间有着强的自旋耦合，可以导致低的单重态-三重态能级分裂。此外，杂原子 N、P 和卤素原子也可以增进 C=O 键和 C=N 键中的 n-π* 跃迁和单重态到三重态的跃迁[53]。Xia 等人[54]通过一步水热法合成了具有超长磷光余辉的 N 掺杂 CDs。通过改变反应时间可以调节 CDs 的碳化程度，以此来控制所合成 CDs 的磷光余辉和发射波长，并得到一系列具有不同室温磷光的 CDs。进一步的实验和理论计算表明所合成 CDs 的 RTP 来自聚合物、碳杂化结构和亚硝酸盐官能团的分子态发射中心。其超分子交叉聚合结构可以有效抑制三重态激子的无辐射跃迁，促进 RTP 的产生。目前，具有 RTP 的 CDs 的制备和应用仍处于研究初期，未来有待通过研究其合成原材料、前处理方法和反应条件等提高 CDs 的磷光余辉寿命、荧光量子产率和稳定性。

2.3.2 电催化特性

众所周知,由于掺杂的氮原子会影响石墨烯中碳原子的自旋密度和电荷分布,使石墨烯表面产生可直接参与催化反应的"活性位点",导致氮掺杂的石墨烯具有较好的氧还原电催化性能。最新研究发现,氮掺杂碳量子点(N-CDs)和氮掺杂石墨烯量子点(N-GQDs)在氧还原反应的非金属催化剂方面具有好的应用潜力。Xia 等人[55]研究发现,由于吡啶氮和石墨氮活性位点的形成,N-CDs 具有优异的氧还原电催化性能。吡啶氮的孤对电子可与 sp^2 杂化的石墨烯碳骨架之间形成离域 π 共轭体系,导致碳原子费米能级附近的电子态密度增大。作为石墨烯晶格中的氮原子,吡啶氮的存在还有利于氧分子的吸附,石墨氮的形成可促进电子从石墨烯碳骨架转移到氧分子的反键轨道,有效改善氧化还原反应活性。此外,Valentin 等人[56]研究发现硼氮共掺杂的碳量子点(B,N-CDs)具有比商业化 Pt/C 催化剂更好的催化活性(图 2-8)。研究结果显示,与氮原子掺杂方式不同,硼原子可以直接以三个键的方式取代碳原子进行掺杂,低浓度的硼掺杂会在价带上方低能量的位置形成一个空的受体能带,导致体系的费米能级降低。

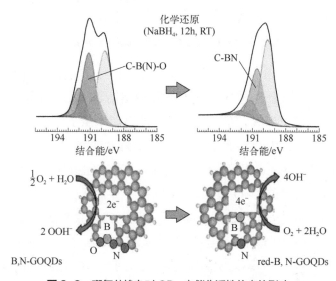

图 2-8 硼氮共掺杂对 CDs 电催化活性位点的影响

2.3.3 生物毒性与生物相容性

与传统的有机荧光染料和半导体量子点相比,CDs 具有小的尺寸和分子量,在与细胞孵育过程中，更容易通过细胞内吞作用进入细胞内，这也更有利于 CDs 应用在生物医学领域。而好的生物相容性和低的细胞毒性则是研究者首要考虑的问题，由于 CDs 的主要成分是碳，而碳具有好的化学惰性，这也决定了 CDs 具有低毒甚至无毒的特性。大量的研究结果证实了 CDs 具有好的生物相容性和低的细胞毒性[57-59]。Wang 等人[57]将合成的 CDs 用于细胞的毒理性研究，将 HeLa 细胞分别置于 0~800μg/mL 的 CDs 溶液孵育培养 24h，发现当 CDs 的浓度低于 100μg/mL 时 HeLa 细胞的存活率在 90%以上，即使 CDs 的浓度高达 800μg/mL 时 HeLa 细胞的存活率仍在 80%以上，实验结果表明合成的 CDs 具有好的生物相容性和低的细胞毒性。Zhao 等人[58]将水热法合成的 CDs 用于细胞的毒理性实验，将 A549 细胞分别与 0~1mg/mL 不同浓度的 CDs 溶液孵育 24h，发现当 CDs 的浓度低于 0.5mg/mL 时 A549 细胞的存活率约为 100%，当 CDs 的浓度高达 1mg/mL 时 A549 细胞的存活率仍在 85%以上，同样表明 CDs 具有低的细胞毒性。Wang 等人[59]将合成的 CDs 配制成不同浓度的溶液分别与 HeLa 细胞和 MCF-7 细胞共同培养，CDs 的浓度范围在 0.2~7mg/mL，共同培养 6h 后发现，当 CDs 的浓度低于 5mg/mL 时，HeLa 细胞和 MCF-7 细胞的存活率分别在 90%和 94%以上，当 CDs 的浓度高达 7mg/mL 时，HeLa 细胞和 MCF-7 细胞的存活率分别在 80%和 89%以上，再次表明该 CDs 具有良好的生物相容性和低的细胞毒性。

2.4 碳量子点的功能化

直接合成的 CDs 往往荧光较弱，有的甚至没有荧光，荧光颜色较单一，发光性能差，存在明显的尺寸及酸碱依赖性，表面缺乏特异性基团，发挥不出特殊识别作用。为了提高 CDs 的荧光量子产率，改善其荧光特性和分子识别性能以更好地适应不同应用的需求，可以对 CDs 进行功能化。CDs 的功能化主要包括杂原子掺杂和表面修饰两种途径。

2.4.1 杂原子掺杂

杂原子掺杂是调控 CDs 固有性质的有效方法。通过引入杂原子（例如：氮、磷、硫、硼等）可以改变 CDs 的电子结构，产生 n 型或 p 型载流子。因此，引入杂原子的种类和数量将决定最高占据分子轨道（HOMO）与最低未占据分子轨道

(LUMO)之间的能带,从而实现对 CDs 电学性能和光学性能的调控。此外,研究表明杂原子的引入可以有效地提高 CDs 的荧光量子产率。基于以上种种优势,越来越多的科研工作者开始致力于杂原子掺杂 CDs 的研究。

(1) 氮原子掺杂

氮原子为元素周期表中第 7 号元素,具有五个配位电子而且原子尺寸与碳原子相近,是一种理想的掺杂物。在 CDs 中,氮原子作为 n 型掺杂物,富电子导致费尔米能级提高,从而影响 CDs 的光学性能。迄今为止,已经有很多含氮化合物被用作前驱体,来制备 N-CDs。

2012 年,Zhang 等人[60]以 CCl_4 和 $NaNH_2$ 为初始物,一步水热法制备了 N-CDs。实验结果表明 N-CDs 的发射波长,随着氮原子含量的改变而改变。该光学性能主要归因于氮原子的掺杂,而非尺寸效应。Xu 等人[61]提出了一个制备 N-CDs 的简单、普适的碳化策略。他们分别以 3-羟基-L-酪氨酸、L-组氨酸和 L-精氨酸为前驱体,制备出了一系列氮含量不同的 CDs。氮原子的引入破坏了碳六元环结构,形成了发射能阱,导致合成的 CDs 的荧光强度主要取决于氮含量,并且 N-CDs 的荧光量子产率高于未掺杂的 CDs 和氧化的 N-CDs。Chen 等人[62]制备了一种氮含量(约 34%)高于碳含量的 CDs,而且随着氮含量的增加、反应时间的延长,其荧光从蓝色逐渐变为绿色,该 CDs 在荧光墨水和细胞成像方面具有潜在的应用价值。杨柏课题组[39]以柠檬酸和乙二胺为原料,水热法合成了荧光量子产率高达 80%的 N-CDs,该量子产率可以与之前报道的荧光染料相媲美。随着反应温度的增加,类聚合物结构的 CDs 逐渐转变为碳核和小分子发色基团共存的 CDs(图 2-9)。

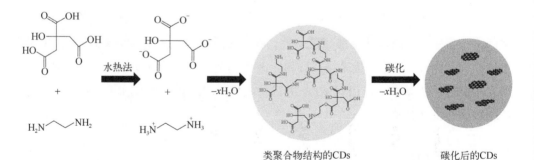

图 2-9 N-CDs 的合成路线(形成离子、缩合聚合、聚合、碳化)

一些研究者研究了 N-CDs 的实用性,以扩大其在光催化、生物成像、化学传感和光电器件等方面的应用。Nie 等人[63]在不同反应条件下,将二乙胺置于氯仿溶液中回流，分别制备了激发依赖和激发非依赖的全色发射的荧光 CDs。通过比较两种 CDs 结构的异同得出：C=O 和 C=N 键的形成为 CDs 引入了新的电子跃迁能级，并且导致了 CDs 荧光激发依赖的全波发射。利用其全波发射特性和较低的毒性，CDs 被成功地应用于 pH 传感比率计。Chen 等人[64]以叶酸为原料，一步水热法制备了荧光量子产率为 15.79% 的 N-CDs。该 N-CDs 对 Hg^{2+} 具有很好的选择性，检测精密度高，最低检出限为 0.23μmol/L。通过荧光猝灭，制备的"turn-off"荧光化学传感器可用于 Hg^{2+} 的选择和识别。Kwon 等人[65]通过乳液模板法碳化聚酰亚胺，制备了 N-CDs。将合成的 N-CDs 分散到聚甲基丙烯酸基质中，制备出 20cm×20cm 光学性能优异的复合薄膜。该复合薄膜制作成本低、柔性好、热稳定性好、力学性能优异且可以规模化生产。此外，作者以该薄膜为颜色转换荧光粉、蓝色 LED 作为发光芯片制备出了白光 LED。在实际使用中，其光学稳定性好，不会出现粒子团聚现象，在白光 LED 领域具有潜在的应用价值。

（2）磷原子掺杂

磷为元素周期表中的第 15 号元素，在 CDs 中属于 n 型掺杂物。和氮原子不同的是，磷原子要比碳原子大很多。因此，磷原子在碳中能够形成取代缺陷成为 n 型供体，从而改变电学和光学性能。目前，已有几种磷掺杂碳量子点（P-CDs）的报道，它们的反应前驱体一般为含磷化合物（如：磷酸三溴化合物、三苯基膦、谷氨酸钠磷酸盐、磷酸和植酸等）。

Zhou 等人[66]以三溴化磷和对苯二酚为前驱体制备 P-CDs，制备的 P-CDs 的荧光量子产率为 25%。缺陷位点和孤立的 sp^2 杂化碳的共存能够有效提高 P-CDs 带隙至紫外可见光区，从而产生与单一 sp^2 杂化碳相比更强的荧光发射。细胞毒性和细胞成像实验表明该 P-CDs 具有较低的细胞毒性和较好的生物标记能力。

Wang 等人[67]以含磷植酸和乙二胺为碳源，通过微波法制备了发绿色荧光的水溶性 P-CDs（图 2-10），经丙酮提纯后的 P-CDs 荧光量子产率为 21.65%，高于之前报道的绿色荧光 CDs。P-CDs 中，磷酸基团通过共价键连接在类石墨烯结构上。P-CDs 具有低的细胞毒性和好的细胞标记能力，在生物成像方面具有潜在的应用价值。

（3）硼原子掺杂

硼原子为元素周期表中的第 5 号元素，只有 3 个价电子，比碳原子少 1 个。因此，如果将硼原子引入碳簇中，将在 CDs 中产生 P 型载流子，从而改变它们的电子结构和光学性能。

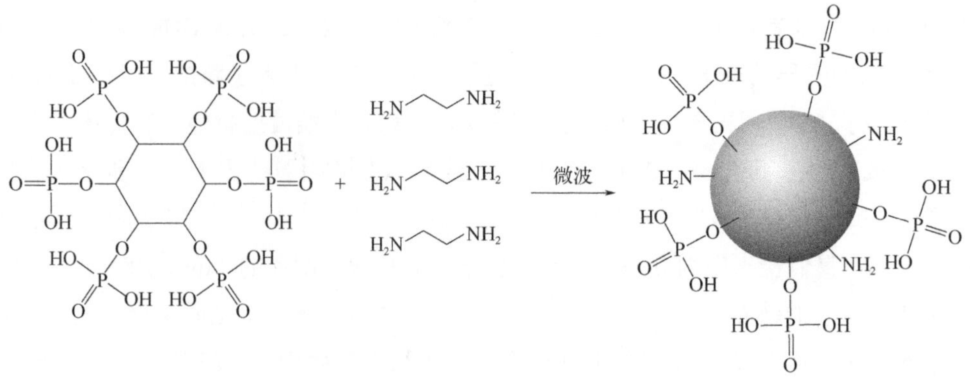

图 2-10　合成 P-CDs 的路线图

Sadhanala 等人[68]首次以溴化硼和对苯二酚为碳源，一步水热法制备硼掺杂碳量子点（B-CDs），其硼原子的质量分数为 5.9%。在紫外光照射下，B-CDs 的水溶液和乙醇溶液均呈明亮的蓝色荧光，最大荧光量子产率为 14.8%；而未掺杂的 CDs 在紫外光照射下，发微弱的绿色荧光。荧光强度的增强和蓝移，主要归因于硼原子较强的吸电子能力。另外，根据双氧水对荧光强烈的猝灭能力，B-CDs 被用于双氧水-葡萄糖检测系统。体系中，双氧水作为电子供体捐赠电子给缺电子的硼原子，形成稳定的 B—O 共价键，B-CDs 荧光猝灭。与 Qu 等人[69]以氨基苯硼酸功能化的 CDs 相比，其制备方法简单，无须进一步表面钝化即可用于化学传感。

Shen 等人[70]以硼酸和乙二胺作为硼源和碳源，水热法制备了 B-CDs。所制备的 B-CDs 在水溶液中和固态下均具有很好的光致发光特性，荧光量子产率分别为 22%和 18%。其固态发光特性主要归因于以下三个方面：①缺电子的 B 原子可以抑制由于 CDs 之间电子供体和受体的相互作用而导致的分子内电荷转移，保护 CDs 由于团聚而导致的荧光猝灭；②B-CDs 表面 B—OH 键之间形成的氢键，可以使粉末状的 CDs 像在水介质中一样呈分散状态；③由于 CDs 表面存在大量的负电子基团（zeta 电位为−25mV），强烈的静电排斥力抑制了 CDs 的团聚。其优异的固态发光特性，使合成的 B-CDs 在发光二极管领域具有潜在的应用价值。

(4) 共掺杂

单一原子的掺杂在 CDs 固有性质的调控方面具有很大的潜能，但是仍然存在一些限制。其中限制之一就是单一原子的掺杂使获得的 CDs 的发光局限在蓝光-绿光区域。一些研究者认为克服这些缺陷的方法就是在 CDs 中同时引入多种原子，称之为共掺杂。

氮元素和硫元素的共掺杂碳量子点（N,S-CDs）已经受到了广泛关注，因为氮原子的原子半径与碳原子相近，而硫原子与碳原子的电负性相似。Dong 等人[71]以柠檬酸为碳源，半胱氨酸为氮源和硫源，水热法制备了 N,S-CDs。所制备的 N,S-CDs 具有高的荧光量子产率（73%），优异的光学活性和低的细胞毒性，在生物成像领域具有好的应用。高的荧光量子产率和激发非依赖性主要归因于氮、硫原子的协调作用。Sun 等人[72]开发了一种用硫酸碳化刻蚀头发纤维制备 N,S-CDs 的新方法。经研究发现，氮和硫在 N,S-CDs 框架中能够形成不同的键型。例如：硫主要以噻吩硫的–C–S–键和–C–SO$_x$–（x = 2, 3, 4；硫酸盐或磺酸盐）形式存在，而氮则以吡啶氮和吡咯氮的形式存在。另外，升高反应温度，可以获得小尺寸、硫含量高、长波长发射的 N,S-CDs。

Bourlinos 等人[73]首次使用绿色、高效的微波法制备了硼氮掺杂碳量子点（B,N-CDs）。其中柠檬酸为碳源，而硼酸和尿素分别作为硼源和氮源。制备出的 CDs 的粒径约为 2～6nm，在紫外光照射下发橄榄绿光。此外，B,N-CDs 与未掺杂的 CDs 相比，具有更高的非线性光学响应。Jah 等人[74]在氮气氛围下，以 N-(4-羟基苯基)甘氨酸为氮源和碳源，硼酸作为氧化剂，通过水热氧化法合成了荧光 B,N-CDs。制备的 B,N-CDs 在水中发明亮的绿色荧光，发射波长在 500nm 处，荧光量子产率为 11.4%。

Han 等人[75]以三苯基膦和吡咯为前驱体，火焰燃烧法合成了磷氮共掺杂的碳量子点（P,N-CDs），与未掺杂的 CDs 相比，P,N-CDs 具有更好的氧化还原性能。Gong 等人[76]在低温下通过磷酸酸化南瓜的方法制备了 P,N-CDs（图 2-11）。制备的 P,N-CDs 发黄色荧光，而且在 pH=1.5～7.4 范围内，荧光强度随着 pH 值的增加逐渐增强。另外，P,N-CDs 水溶性好、细胞毒性低、细胞膜穿透性好，发射波长与激发波长之间的斯托克斯位移为 125nm，可以有效地避免散射的影响，是一个很好的生物成像剂。

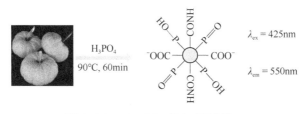

图 2-11　P,N-CDs 的合成示意图

Gong 等人[77]通过水热碳化腺苷-5′-三磷酸制备了 P,N-CDs。其中 P/C 原子百分

比为 9.2/100，在紫外光照射下发蓝色荧光，其荧光量子产率为 23.5%。制备的 P,N-CDs 可以用作化学传感器，检测细胞中的活性氧和活性氮，包括巨噬细胞中的 ClO^-、NO_3^- 和 NO。

2.4.2 表面修饰

近年来的研究表明，CDs 的发光性能与其表面态有着密切的关系。未功能化的 CDs，其表面的缺陷态很容易被外界环境干扰，导致其差的光稳定性和低的荧光量子产率。为了克服该问题，通常在 CDs 表面进行修饰，用于表面修饰的单体通常有低聚物 PEG1500、硅烷偶联剂等。通过表面修饰可以有效提高 CDs 的荧光量子产率，同时在 CDs 表面修饰具有特定功能的分子还可以扩大 CDs 的应用范围。

2006 年，Sun 课题组[6]首次将表面钝化的方法应用到了 CDs 的制备过程中。一开始他们用激光刻蚀法制备得到的纳米粒子无明显的荧光发射；改变反应条件，将酸处理后的样品置于 PEG1500 中，在 120℃下加热 72h 后获得 CDs 的荧光量子产率从 4%上升到了 10%，而且制备的 CDs 具有好的光稳定性。Qu 课题组[78]首先以柠檬酸和尿素为原料，微波法合成了表面含有一定量氨基的水溶性碳量子点（CD-Rs）。将 CD-Rs 放入十二烷基溴化钾中于 180℃下回流 12h，制得烷基部分功能化的两亲性碳量子点（CD-Ps），钝化过程如图 2-12 所示。回流过程中，溴与氨基基团反应，长链烷基包覆在 CDs 表面。因为亲水性氨基和亲油性长链烷基的存在，CDs 会在丙酮中团聚形成超级 CDs，荧光强度降低，遇水荧光则增强，该性质使其在荧光防伪和指纹鉴别方面具有好的应用潜力。

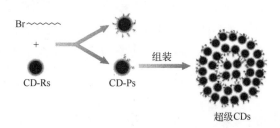

图 2-12 超级 CDs 的形成过程

但上述表面功能化 CDs 的制备，均需要分两步才能完成，过程较为繁琐。Liu 课题组[79]将柠檬酸和氨基封端的硅烷偶联剂在 240℃下热解 1min，一步法得到荧光量子产率高达 47%，粒径约为 0.9nm 的超小荧光 CDs，见图 2-13。与之前报道的 CDs 相比，硅烷偶联剂修饰的 CDs 具有以下几个优点：①通过简单的加热程序即可制备成杂化的荧光薄膜或块体，CDs 的体积分数可以从 0 调控到 100%而不会发生团聚和相分离现象；②有机硅功能化的 CDs 可以稳定地存在于各种有机溶剂中，而且可以与硅前驱体进一步水解、缩合制备二氧化硅包覆的纳米粒子，可用于生物标记和成像领域。Huang 等人[80]同样利用硅烷偶联剂为表面修饰剂，与丙三醇在 200℃下微波辐射 30min，一步制备了表面修饰的荧光 CDs，并将其复合到聚乙烯醇和二氯化硅中。

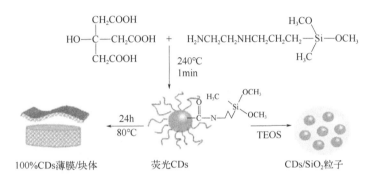

图 2-13 硅烷偶联剂修饰的荧光 CDs、柔性 CDs 薄膜和 CDs/SiO$_2$ 粒子的制备过程

2.5 碳量子点发光机理

CDs 的发光机理与其制备过程有着密不可分的联系。由不同原材料、不同制备方法和不同的前处理方法所制备的 CDs 通常具有不同的组分和结构，这会导致其拥有不同的光学性质。迄今为止，虽然已有许多关于 CDs 发光机理的研究报道，但这仍是 CDs 的一个未弄清楚的讨论课题之一。目前，最被认可的 CDs 荧光机理有量子限域效应、表面态发光和分子态发光。

2.5.1 量子限域效应

CDs 的粒径通常小于 10nm，因此一些研究人员猜测与量子点发光机理类似，CDs 的发光性能也与量子限域效应有关。当半导体晶体为纳米级别的时候，晶界对晶体内的电子分布有显著影响，会导致与带隙和尺寸相关的能量弛豫动力学现象的发生[81]，这就是量子限域效应。

Yuan 等人[82]使用溶剂热法以柠檬酸和二氨基萘为原料，通过改变反应条件合成了发射不同波长荧光（蓝光、绿光、黄光、橘光和红光）的一系列 CDs。研究发现，与大部分之前报道的 CDs 不同，这些 CDs 不具有激发波长依赖性、表面钝化度高、结晶度高且具有较高的荧光量子产率（75%）。对其进行光谱分析，发现其紫外-可见吸收波长分别为 350nm、390nm、415nm、480nm 和 500nm，与对应的最大荧光激发波长重合，这表明其荧光发射来自带隙跃迁。此外，通过透射电子显微镜（TEM）的表征发现这些 CDs 具有不同的粒径。随着粒径的增加，CDs 荧光发射发生红移现象，这揭示了 CDs 的荧光来自量子限域效应。Jiang 等人[83]通过水热法制备了粒径为 6nm、8.2nm 和 10nm，分别发射蓝色、绿色和红色荧光的三种 CDs（图 2-14），这符合量子限域效应的特点。Li 等人[84]和 Peng 等人[85]分别用电化学氧化法和化学氧化法合成了具有尺寸依赖性和量子限域效应的 CDs。

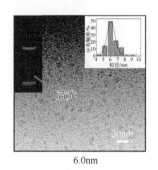
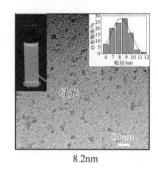

图 2-14 不同尺寸 CDs 的 TEM 图像（插图左上方为荧光照片，右上方为粒径分布图）

2.5.2 表面态发光

CDs 的表面状态（表面氧化程度和表面官能团）与其光学性质有着密不可分的关系。通过化学法分解碳基材料或者将小分子前驱体聚合/碳化的过程通常是制备 CDs 必不可少的步骤。这个高度活化的过程（表面氧化和局部碳化）使得 CDs 表面的化学结构非常的多样和复杂，包括 sp^2 杂化碳、sp^3 杂化碳、表面陷阱和各种官能团。许多研究表明 CDs 的荧光与其表面的氧化程度有关，随着其表面氧化程度的增大其荧光发射会发生红移现象。这是因为 CDs 表面的氧化程度越高，表面的陷阱会越多，会捕捉更多的激子促进激子复合产生辐射。

Ding 等人[47]以尿素和对苯二胺为原料，通过一锅水热法制备了 CDs，随后通过色谱分离提纯的方法得到了发射蓝色、绿色、黄色和红色荧光的一系列 CDs，且不具有激发波长依赖性。通过 CDs 的 TEM 图进行表征，发现发射不同颜色荧光的 CDs 的平均粒径都为 2.6nm（图 2-15），这表明所制备的 CDs 的荧光不是来自量子限域效应。此外，通过分析所得到的 CDs 的傅里叶变换红外（FTIR）光谱图与 X

射线光电子能谱（XPS）图，发现随着 CDs 表面羟基和氧含量的增加，发射荧光的波长会发生红移。这是因为随着 CDs 表面含氧量的增加，最高占据分子轨道与最

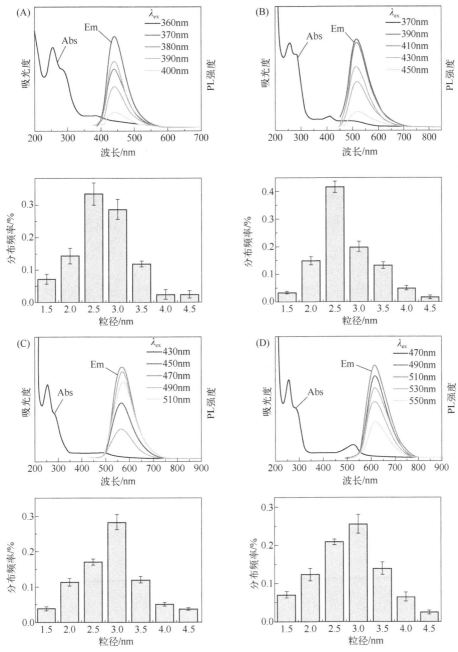

图 2-15　蓝色（A）、绿色（B）、黄色（C）和红色（D）发射 CDs 的吸收光谱、
PL 光谱（上图）和粒径分布（下图）

低空轨道之间的能隙变小了。

Zhang 等人[86]通过溶剂热法以柠檬酸铵和乙二胺四乙酸为原料制备 CDs，并且通过改变柠檬酸铵与乙二胺四乙酸含量的比例合成了发射蓝色、绿色、白色、黄色、橘色和红色荧光的一系列 CDs。通过对所得到的 CDs 的 TEM 电镜图、FTIR 光谱图和 XPS 能谱图进行分析，发现它们的粒径相同、含氧量相近。但是，它们的酰胺基含量不同，随着酰胺基含量的增加，其荧光发射发生红移。这是因为含 N 官能团含量的增加会导致能隙变窄，使荧光发射发生红移。

2.5.3 分子态发光

很多研究表明自下而上法合成 CDs 的过程中通常会产生一些荧光小分子杂质，并会随着反应的进行修饰在 CDs 表面，使得 CDs 发射荧光。小分子前驱体结构中存在的活性官能团（如羧基和氨基）可以相互反应，并进一步发生缩合、聚合和碳化反应，最终形成 CDs。这些高反应活性过程很容易产生一些荧光小分子副产物，并修饰在 CDs 表面。

Rogach 等人[87,88]分别以柠檬酸与乙二胺、柠檬酸与六亚甲基四胺和柠檬酸与三乙醇胺为原料通过水热法制备了三种 CDs。通过比较所合成的三种 CDs 与柠嗪酸（一种吡啶类荧光染料）的紫外-可见吸收光谱、稳态荧光发射光谱、荧光寿命、XPS 能谱图和 FTIR 光谱图，得出以下结论：以乙二胺和六亚甲基四胺为原材料合成的发射蓝色荧光的 CDs 的荧光来源于其表面修饰的柠嗪酸分子。也有实验表明一些具有高的荧光量子产率的荧光有机小分子会在 CDs 的合成过程中产生，并分散于溶液中。

2.6 碳量子点在荧光传感领域的应用

CDs 因其水溶性好、荧光性能可调等优势而被广泛应用于荧光传感领域[89]。CDs 表面含有丰富的表面官能团和较多的活性位点，这使得金属离子、有机基团等可以通过表面的键合有效地与 CDs 相互作用，从而导致 CDs 性能发生变化而达到检测或传感的目的。基于这个性质，科研人员开发了多种化学、生物传感器。目前，基于 CDs 所构建的荧光传感系统大多集中于液相传感，其可以很好地应用于金属离子、生物大分子和小分子等各种分析物的检测[90]。相比于荧光染料和无机半导体量子点，CDs 合成步骤简单，毒性低，是一种非常有前途的荧光传感器。

2.6.1 金属离子检测

人们首次使用 CDs 作为传感器就是检测水溶液及细胞里的 Hg^{2+}。Li 等人[91]采用微波法合成了 N,S-CDs，该量子点无须修饰可直接检测 Hg^{2+}，检出限为 $2\mu mol/L$，其检测机理如图 2-16。N,S-CDs 表面的含氧基团可以和 Hg^{2+} 形成复合物，导致电子由 N,S-CDs 转移到 Hg^{2+}。而 S 原子可以促进电子转移，因为 S 原子具有小的电负性和较大的原子半径，其第三层价电子更容易失去。因此，引入 S 原子可以有效调整 N,S-CDs 的电子局部密度，促进 N,S-CDs 边缘的氧和 Hg^{2+} 发生配位作用，导致 N,S-CDs 的荧光猝灭。

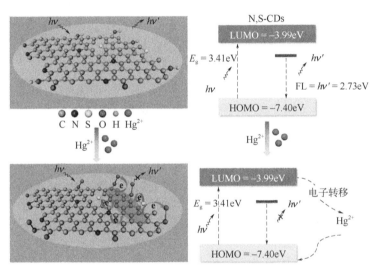

图 2-16 N,S-CDs/Hg^{2+} 体系荧光猝灭机理

Zhang 等人[92]成功将甲酰胺衍生的 N-CDs 封装于 Eu 掺杂的金属有机骨架（Eu-MOFs）孔腔中，合成了一种基于水凝胶的新型比率传感器，并成功用于 Ag^+ 的超灵敏肉眼可视化定量检测。检测原理如图 2-17 所示，设计的传感器展示出对 Ag^+ 具有好的选择性，较宽的线性范围（$0.3\sim100nmol/L$）和极低的检出限（$80pmol/L$）。进一步将该比率探针用于水凝胶 Ag^+ 传感器的构建，通过不同 Ag^+ 浓度所引起的由蓝色到红色的荧光颜色变化，已成功应用于肉眼可视化定量检测抗菌液中 Ag^+ 的含量。Chen 等人[93]以乙二胺和谷氨酸为原料，采用微波辅助法成功地合成了 Fe^{3+} 敏感型 CDs。随着溶液中 Fe^{3+} 浓度的增大，CDs 的荧光强度降低。该

工作利用了Fe^{3+}对CDs的猝灭机制以及比率法定量检测了水和细胞中Fe^{3+}的含量。Guo等人[94]通过一步水热法将CDs和咪唑包封在沸石骨架的空隙中，合成了复合CDs。相比于比率检测法，该复合结构则是利用了"Turn-off"模式检测Cu^{2+}。在一定浓度范围内CDs表现出无荧光。此外，也有利用重金属增强CDs荧光法进行检测的报道。Panneerselvam团队[95]报道了一种CDs复合氮化物，利用"Turn-on"的荧光传感方法快捷地检测Cr^{4+}和Pb^{2+}。在该体系中金属离子置于CDs纳米复合材料中，会与CDs形成强表面复合物，促使CDs荧光强度增加。

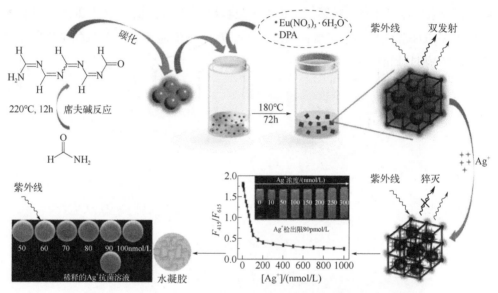

图2-17 FA-CDs和FA-CDs@Eu-MOFs的制备过程和应用示意图

Zhu等人[96]将CdSe/ZnS量子点和CDs杂化在一起，构建了比率型Cu^{2+}纳米传感器。他们先将CdSe/ZnS量子点植入到硅壳里，由于CdSe/ZnS量子点对Cu^{2+}呈惰性，故而可以用它发出的红色荧光作为参照信号。然后，将发射蓝色荧光的CDs组装到硅纳米材料上，再将N-(2-氨基乙基)-N,N',N'-三-(吡啶-2-基甲基)乙烷-1,2-二胺（AE-TPEA）修饰到纳米复合材料表面，这样在激发波长为400nm时，材料分别在485nm和644nm处出现了两个荧光发射峰。加入Cu^{2+}，由于AE-TPEA和Cu^{2+}键合反应，导致CDs在485nm处的荧光猝灭，而$CdSe@SiO_2$在644nm处的荧光强度并不改变，通过检测材料在485nm和644nm处荧光强度的比值，就可以定量分析Cu^{2+}（图2-18）。Liu等人[97]用高效液相色谱对合成的CDs样品进行分离，筛选出荧光量子产率高、水溶性好和具有不同官能团的CDs组分，分别作为荧光传

感器用于 Fe^{3+} 和 Hg^{2+} 的高选择和高灵敏测定。除此之外，CDs 还可以用于检测 K^+[98]、Ca^{2+}[99]、Al^{3+}[100] 和 Cr^{6+}[101] 等离子。

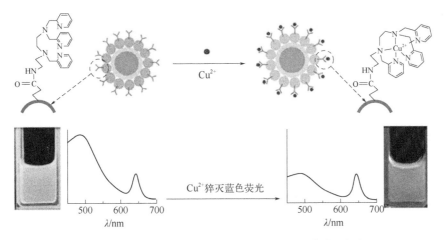

图 2-18　CdSe/ZnS 量子点和 CDs 构建比率型 Cu^{2+} 纳米传感器

2.6.2　无机阴离子检测

随着 CDs 在金属离子检测方面的应用快速发展，CDs 对于阴离子的检测也得到广泛关注和研究。Wang 等人[102] 报道了一种通过比色和荧光比例的方法，用来检测碘离子。首先以柠檬酸铵和邻氨基苯甲酸为前驱物制备了 CDs，然后将其与过氧化氢和邻苯二胺混合，当加入碘化物后，由于催化作用，混合溶液的荧光颜色发生变化，通过不同颜色荧光强度变化比例来实现对碘离子的定量检测，检测范围在 0.09~50μmol/L 之间，检出限为 0.06μmol/L。Chowdhury 等人[103] 使用壳聚糖制备了 CDs，Baruah 等人[104] 以杯[4]芳烃-25,26,27,28-四醇和 β-环糊精对此 CDs 分别进行了功能化，功能化后的 CDs 用来对溶液中的氟化物进行特异性检测，两种荧光探针的检测范围分别为 6.6~56.6μmol/L 和 6.6~50.6μmol/L，检出限为 6.6μmol/L。Zhao 采用 Jiang 和 Huh 等人[105,106] 的方法制备了铕元素修饰的 CDs，在磷酸盐加入修饰的 CDs 后，由于磷酸盐对铕离子具有强相互作用，修饰的铕离子脱离 CDs 表面，使其荧光恢复，从而达到检测磷酸盐的目的，其检测范围为 5.1×10^{-8}~4.0×10^{-7}mol/L，检出限为 1.5×10^{-8}mol/L。除此之外，CDs 还可以用于硫化物（S^{2-}）[107]、次氯酸根（ClO^-）[108]、氰根（CN^-）[109] 和硝酸根（NO_3^-）[110] 等阴离子的检测。

2.6.3 分子检测

CDs 除了可以检测金属离子和无机阴离子外，还可以用于分子的检测。Ahmed 等人[111]以聚己二酸乙二醇酯合成的碳量子点（PEGA-CDs）作为荧光探针，基于鞣酸对 PEGA-CDs 的荧光猝灭作用，建立了测定鞣酸的新方法。并对猝灭机理进行了探索，PEGA-CDs 与鞣酸间发生了无辐射能量转移（图2-19），致使荧光猝灭。在最佳优化条件下，PEGA-CDs 的荧光猝灭程度与鞣酸的浓度呈良好的线性关系，线性范围为 0.1~10mg/mL，检出限为 0.018mg/mL。该方法成功地用于白酒和红酒中鞣酸含量的测定。

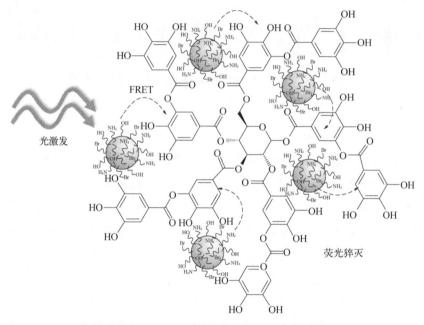

图 2-19 PEGA-CDs 检测鞣酸荧光猝灭的机理图

Shen 等人[28]以硼酸修饰的 CDs 作为荧光探针，基于葡萄糖对 CDs 的荧光猝灭作用，建立了测定葡萄糖的新方法（图2-20）。在 9~900μmol/L 范围内，葡萄糖对 CDs 的荧光猝灭呈良好的线性关系，检出限为 1.5μmol/L。由于 CDs 具有好的惰性，可以避免来自其他生物分子的干扰，对葡萄糖表现出高的选择性。该方法已经成功地用于血清中葡萄糖的检测。

Costas-Mora 等人[112]用超声辅助法合成的 CDs 作为荧光探针，基于甲基汞对 CDs 的猝灭作用（图2-21），建立了测定甲基汞的新方法，并对荧光猝灭机理进行了探索。甲基汞的疏水性使 CDs 表面发生了无辐射电子/空穴重组，促使 CDs 荧光猝灭。在最佳优化条件下，CDs 的荧光猝灭程度与甲基汞的浓度呈良好的线性关系，线性范围为 23～278nmol/L，检出限为 5.9nmol/L。该方法具有好的重现性，重复测定 7 次，相对标准偏差为 2.2%。该方法已成功地用于水样和鱼肉中甲基汞含量的测定。

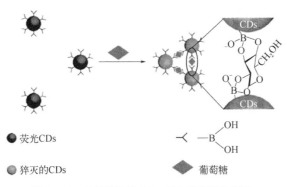

图 2-20　硼酸修饰的 CDs 用于葡萄糖的检测

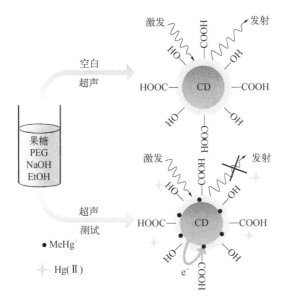

图 2-21　CDs 用于甲基汞的检测

Qian 等人[113]制备了使用特定 DNA 单链表面修饰的 CDs，用于检测目标 DNA 片段。先加入氧化石墨烯使功能化的 CDs 发生 FRET，从而导致 CDs 的荧光猝灭。当加入目标 DNA 片段时，由于 DNA 单链间发生碱基互补配对，从而使功能化的

CDs 与氧化石墨烯发生分离,以此带来的荧光恢复效应可以用于定量检测目标 DNA 片段。所得的 DNA 的检出限为 75pmol/L,在 6.7~46nmol/L 的浓度范围内 CDs 的荧光强度与 DNA 浓度具有好的线性关系,而且具有优良的特异性。Xu 等人[114]用适配体对 CDs 进行功能化修饰,然后,根据 CDs 荧光强度的变化来检测凝血酶(图 2-22)。该方法对凝血酶具有高度选择性,检出限可达 1nmol/L,与之前报道的凝血酶荧光检测法相比较,该方法有了很大改进。Paria 等人[115]将制备的 CDs 用于维生素 B_1 的检测。首先在 CDs 溶液中加入 Cu^{2+},Cu^{2+} 与 CDs 表面的-OH,-C=O 和-NH 基团发生作用导致荧光猝灭。然后在 CD-Cu^{2+} 混合溶液中加入维生素 B_1,Cu^{2+} 更易于与维生素 B_1 形成络合物,从而使 Cu^{2+} 与 CDs 之间发生解离作用,导致荧光强度恢复。Fan 等人[116]合成了 Mg 掺杂的 CDs,以三磷酸腺苷为荧光开关,构建了一种基于 CDs 的精氨酸荧光传感器,可用于各种水样中精氨酸的定量分析。除此之外,CDs 还可以用于山奈酚[117]、桑色素[118]、硫醇[119]、金丝桃苷[120]、杨梅素[121]、新胭脂红[122]、多巴胺[123]、苋菜红[124]、刚果红[125]、水杨酸[126]和阿司匹林[127]等分子的检测。

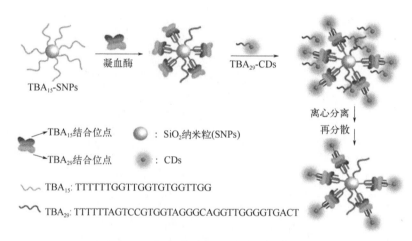

图 2-22　基于三明治结构检测凝血酶的示意图

参考文献

[1] Bottini M, Balasubramanian C, Dawson M, et al. Isolation and characterization of fluorescent nanoparticles from Pristine and oxidized electric arc-produced single-walled carbon nanotubes[J]. J Phys Chem B, 2006, 110: 831-836.

[2] Barcena J, Salazar J M G, Maudes J, et al. Microstructural study of vapour grown carbon nanofibre/copper composites[J]. Compos Sci Technol, 2008, 68: 1384-1391.

[3] Novoselov K S, Geim A K, Morozov S V, et al. Electric field effect in atomically thin carbon films[J]. Science, 2004, 306: 666-669.
[4] Kamanina N V, Serov S V, Savinov V P. Photorefractive properties of nanostruetured organic materials doped with fullerenes and carbon nanotubes[J]. Tech Phys Lett, 2010, 36: 40-42.
[5] Xu X Y, Ray R, Gu Y L, et al. Electrophoretic analysis and purification of fluorescent single-walled carbon nanotube fragments[J]. J Am Chem Soc, 2004, 126 (40): 12736-12737.
[6] Sun Y P, Zhou B, Lin Y, et al. Quantum-sized carbon dots for bright and colorful photoluminescence[J]. J Am Chem Soc, 2006, 128(24): 7756-7757.
[7] Baber S N, Baber G A. Luminnescent carbon nandots: emergent nanolights[J]. Angew Chem Int Ed, 2010, 49: 6726-6744.
[8] Zheng X T, Ananthanarayanan A, Luo K Q, et al. Glowing graphene quantum dots and carbon dots: properties, syntheses, and biologicalapplications[J]. Small, 2015, 11: 1620-1636.
[9] Mattoussi H, Mauro J. M, Golaman E. R, et al. Self-assemble of CdSe-ZnS quantum dot bioconjugates using an engineered recombinant protein[J]. J Am Chem Soc, 2000, 122: 12142-12150.
[10] Juzenas P, Chen W, Sun Y. P, et al. Quantum dots and nanoparticles for photodynamic and radiation therapies of cancer[J]. Adv Drug Deliv Rev, 2008, 60: 1600-1614.
[11] Liu L Z, Feng F, Hu Q, et al. Capillary electrophoretic study of green fluorescent hollow carbon nanoparticles[J]. Electrophoresis, 2015, 36: 2110-2119.
[12] Mao X J, Zheng H Z, Long Y J, et al. Study on the fluorescence characteristics of carbon dots[J]. Spectrochim Acta A Mol Biomol Spectrosc, 2010, 75: 553-557.
[13] Xu J, Sahu S, Cao L, et al. Carbon nanoparticles as chromophores for photon harvesting and photoconversion[J]. ChemPhysChem, 2011, 12(18): 3604-3608.
[14] Liu H P, Ye T, Mao C D. Fluorescent carbon nanoparticles derived from candle soot [J]. Angew Chem Int Ed, 2007, 46: 6473-6475.
[15] Meng X, Chang Q, Xue C R, et al. Full-colour carbon dots: from energy-efficient synthesis to concentration-dependent photoluminescence properties[J]. Chem Commun, 2017, 53: 3074-3077.
[16] Zhang Q H, Sun X F, Ruan H, et al. Production of yellow-emitting carbon quantum dots from fullerene carbon soot[J]. Sci China Mater, 2017, 60: 141-150.
[17] Han Y, Huang H, Zhang H, et al. Carbon quantum dots with photoenhanced hydrogen-bond catalytic activity in aldol condensations[J]. ACS Catal., 2014, 4: 781-787.
[18] Shao X, Gu H, Wang Z, et al. Highly selective electrochemical strategy for monitoring of cerebral Cu^{2+} based on a carbon dot-TPEA hybridized surface[J]. Anal Chem, 2013, 85: 418-425.
[19] Deng J, Lu Q, Hou Y, et al. Nanosensor composed of nitrogen-doped carbon dots and gold nanoparticles for highly selective detection of cysteine with multiple signals[J]. Anal Chem, 2015, 87: 2195-2203.
[20] Li H, Guo S, Li C, et al. Tuning laccase catalytic activity with phosphate functionalized carbon dots by visible light[J]. ACS Appl Mater Interfaces, 2015, 7: 10004-10012.
[21] Hu A L, Niu K. L, Sun J, et al. One-step synthesis of fluorescent carbon nanoparticles by laser irradiation[J]. J Mater Chem A, 2009, 19: 484-488.
[22] Mao L H, Tang W Q, Deng Z Y, et al. Facile access to white fluorescent carbon dots toward light-emitting devices[J]. Ind Eng Chem Res, 2014, 53: 6417-6425.
[23] Yuan C, Liu B, Liu F, et al. Fluorescence "turn on" detection of mercuric ion based on bis (dithiocarbamato) copper(II) complex functionalized carbon nanodots[J]. Anal Chem, 2014, 86: 1123-1130.

[24] Hola K, Bourlinos A B, Kozak O, et al. Photoluminescence effects of graphitic core size and surface functional groups in carbon dots: COO⁻ induced red-shift emission[J]. Carbon, 2014, 70: 279-286.

[25] Dong Y, Wang R, Li G, et al. Polyamine-functionalized carbon quantum dots as fluorescent probes for selective and sensitive detection of copper ions[J]. Anal Chem, 2012, 84: 6220-6224.

[26] Barman M K, Jana B, Bhattacharyya S, et al. Photophysical properties of doped dots (N, P, and B) and their influence on electron/hole transfer in carbon dots-nickel (Ⅱ) phthalocyanine conjugates[J]. J Phys Chem C, 2014, 118: 20034-20041.

[27] Wang L, Zhou H S. Green synthesis of luminescent nitrogen-doped carbon dots from milk and its imaging application[J]. Anal Chem, 2014, 86: 8902-8905.

[28] Shen P, Xia Y. Synthesis-modification integration: one-step fabrication of boronic acid functionalized carbon dots for fluorescent blood sugar sensing[J]. Anal Chem, 2014, 86: 5323-5329.

[29] Wang L, Yin Y, Jain A, et al. Aqueous phase synthesis of highly luminescent nitrogen-doped carbon dots and their application as bioimaging agents[J]. Langmuir, 2014, 30: 14270-14275.

[30] Arumugham T, Alagumuthu M, Amimodu R G, et al. A sustainable synthesis of green carbon quantum dot (CQD) from Catharanthus roseus (white flowering plant) leaves and investigation of its dual fluorescence responsive behavior in multion detection and biological applications[J]. Sustain Mater Technol, 2020, 23: e00138.

[31] Tang Y, Su Y, Yang N, et al. Carbon nitride quantum dots: a novel chemiluminescence system for selective detection of free chlorine in water[J]. Anal Chem, 2014, 86: 4528-4535.

[32] Zhang M, Yao Q, Guan W, et al. Layered double hydroxide-supported carbon dots as an efficient heterogeneous fenton-like catalyst for generation of hydroxyl radicals[J]. J Phys Chem C, 2014, 118: 10441-10447.

[33] Zhang P, Xue Z, Luo D, et al. Dual-peak electrogenerated chemiluminescence of carbon dots for iron ions detection[J]. Anal Chem, 2014, 86: 5620-5623.

[34] Xiao D, Yuan D, He H, et al. Microwave-assisted one-step green synthesis of amino-functionalized fluorescent carbon nitride dots from chitosan[J]. Luminescence, 2013, 28: 612-615.

[35] Yin J Y, Liu H J, Jiang S, et al. Hyperbranched polymer functionalized carbon dots with multistimuli-responsive property[J]. ACS Macro Lett, 2013, 2: 1033-1037.

[36] Costas-Mora I, Romero V, Lavilla I, et al. In situ building of a nanoprobe based on fluorescent carbon dots for methylmercury detection[J]. Anal Chem, 2014, 86: 4536-4543.

[37] Park S Y, Lee H U, Park E S, et al. Photoluminescent green carbon nanodots from food-waste-derived sources: large-scale synthesis, properties, and biomedical applications[J]. ACS Appl Mater Interfaces, 2014, 6: 3365-3370.

[38] Zhu X, Wang H, Jiao Q, et al. Preparation and characterization of the fluorescent carbon dots derived from the lithium-intercalated graphite used for cell imaging[J]. Part Part Syst Charact, 2014, 31: 771-777.

[39] Zhu S J, Meng Q. N, Wang L, et al. Highly photoluminescent carbon dots for multicolor patterning, sensors, and bioimaging[J]. Angew Chem Int Ed, 2013, 52: 3953-3957.

[40] Qu S N, Zhou D, Li D, et al. Toward efficient orange emissive carbon nanodots through conjugated sp^2-domain controlling and surface charges engineering[J]. Adv Mater, 2016, 28: 3516-3521.

[41] Li D, Jing P T, Sun L H, et al. Near-infrared excitation/emission and multiphoton-induced fluorescence of carbon dots[J]. Adv Mater, 2018, 30: e1705913.

[42] Zhu S J, Song Y B, Zhao X H, et al. The photoluminescence mechanism in carbon dots (graphene quantum dots, carbon nanodots, and polymer dots): current state and future perspective[J]. Nano Res, 2015, 8:

355-381.

[43] Shen J. H, Zhu Y H, Chen C, et al. Facile preparation and upconversion luminescence of graphene quantum dots[J]. Chem Commun, 2011, 47: 2580-2582.

[44] Liu J. J, Geng Y J, Li D W, et al. Deep red emissive carbonized polymer dots with unprecedented narrow full width at half maximum[J]. Adv Mater, 2020, 32: 1906641.

[45] Lu S. Y, Sui L Z, Liu J J, et al. Near-infrared photoluminescent polymer-carbon nanodots with two-photon fluorescence[J]. Adv Mater, 2017, 29: 1603443.

[46] Liu J. J, Li D W, Zhang K, et al. One-step hydrothermal synthesis of nitrogen-doped conjugated carbonized polymer dots with 31% efficient red emission for in vivo imaging[J]. Small, 2018, 14: 1703919.

[47] Ding H, Yu S B, Wei J S, et al. Full-color light-emitting carbon dots with a surface-state-controlled luminescence mechanism[J]. ACS Nano, 2016, 10: 484-491.

[48] Miao X, Qu D, Yang D X, et al. Synthesis of carbon dots with multiple color emission by controlled graphitization and surface functionalization[J]. Adv Mater, 2018, 30: 1704740.

[49] Yuan F, Yuan T, Sui L, et al. Engineering triangular carbon quantum dots with unprecedented narrow bandwidth emission for multicolored leds[J]. Nat Commun, 2018, 9: 2249.

[50] Gao T, Wang X, Yang L Y, et al. Red, yellow, and blue luminescence by graphene quantum dots: syntheses, mechanism, and cellular imaging[J]. ACS Appl Mater Interfaces, 2017, 9: 24846-24856.

[51] Gan N, Shi H F, An Z F, et al. Recent advances in polymer-based metal-free room-temperature phosphorescent materials[J]. Adv Funct Mater, 2018, 28: 1802657.

[52] Tao S Y, Lu S Y, Geng Y J, et al. Design of metal-free polymer carbon dots: A new class of room- temperature phosphorescent materials[J]. Angew Chem Int Ed, 2018, 57: 2393-2398.

[53] Su Q, Lu C S, Yang X M. Efficient room temperature phosphorescence carbon dots: information encryption and dual-channel pH sensing[J]. Carbon, 2019, 152: 609-615.

[54] Xia C, Zhu S, Zhang S T, et al. Carbonized polymer dots with tunable room- temperature phosphorescence lifetime and wavelength[J]. ACS Appl Mater Interfaces, 2020, 12: 38593-38601.

[55] Sheng Z, Shao L, Chen J, et al. Catalyst-free synthesis of nitrogen-doped graphene via thermal annealing graphite oxide with melamine and its excellent electrocatalysis[J]. ACS Nano, 2011, 5(6): 4350-4358.

[56] Favaro M, Ferrighi L, Fazio G, et al. Single and multiple doping in graphene quantum dots: unraveling the origin of selectivity in the oxygen reduction reaction[J]. ACS Catal, 2015, 5: 129-144.

[57] Wang J, Zheng P, Huang C, et al. High performance photoluminescent carbon dots for in vitro and in vivo bioimaging: effect of nitrogen doping ratios[J]. Langmuir, 2015, 31: 8063-8073.

[58] Zhao S, Lan M, Zhu X, et al. Green synthesis of bifunctional fluorescent carbon dots from garlic for cellular imaging and free radical scavenging[J]. ACS Appl Mater Interfaces, 2015, 7: 17054-17060.

[59] Wang W J, Hai X, Mao Q X, et al. Polyhedral oligomeric silsesquioxane functionalized carbon dots for cell imaging[J]. ACS Appl Mater Interfaces, 2015, 7: 16609-16616.

[60] Zhang Y. Q, Ma D. K, Zhuang Y, et al. One-pot synthesis of N-doped carbon dots with tunable luminescence properties[J]. J Mater Chem A, 2012, 22: 16714.

[61] Xu Y, Wu M, Ly Y, et al. Nitrogen-doped carbon dots: a facile and general preparation method, photoluminescence investigation, and imaging applications[J]. Chemistry, 2013, 19: 2276-2283.

[62] Chen X, Jin Q, Wu L, et al. Synthesis and unique photoluminescence properties of nitrogen-rich quantum dots and their applications[J]. Angew Chem Int Ed, 2014, 53: 12542-12547.

[63] Nie H, Li M, Li Q, et al. Carbon dots with continuously tunable full-color emission and their application in

ratiometric pH sensing[J]. Chem Mater, 2014, 26: 3104-3112.

[64] Zhang R, Chen W. Nitrogen-doped carbon quantum dots: facile synthesis and application as a "turn-off" fluorescent probe for detection of Hg^{2+} ions[J]. Biosens Bioelectron, 2014, 55: 83-90.

[65] Kwon W, Do S, Lee J, et al. Freestanding luminescent films of nitrogen-rich carbon nanodots toward large-scale phosphor-based white-light-emitting devices[J]. Chem Mater, 2013, 25: 1893-1899.

[66] Zhou J, Shan X, Ma J, et al. Facile synthesis of P-doped carbon quantum dots with highly efficient photoluminescence[J]. RSC Adv, 2014, 4: 5465.

[67] Wang W, Li Y, Cheng L, et al. Water-soluble and phosphorus-containing carbon dots with strong green fluorescence for cell labeling[J]. J Mater Chem A B, 2014, 2: 46-48.

[68] Sadhana H K, Nanda K K. Boron-doped carbon nanoparticles: size-independent color tunability from red to blue and bioimaging applications[J]. Carbon, 2016, 96: 166-173.

[69] Qu Z B, Zhou X, Gu L, et al. Boronic acid functionalized graphene quantum dots as a fluorescent probe for selective and sensitive glucose determination in microdialysate[J]. Chem Commun, 2013, 49: 9830-9832.

[70] Shen C, Wang J, Cao Y, et al. Facile access to B-doped solid-state fluorescent carbon dots toward light emitting devices and cell imaging agents[J]. J Mater Chem C, 2015, 3: 6668-6675.

[71] Dong Y, Pang H, Yang H B, et al. Carbon-based dots co-doped with nitrogen and sulfur for high quantum yield and excitation-independent emission[J]. Angew Chem Int Ed, 2013, 52: 7800-7804.

[72] Sun D, Ban R, Zhang P H, et al. Hair fiber as a precursor for synthesizing of sulfur- and nitrogen-co-doped carbon dots with tunable iuminescence properties[J]. Carbon, 2013, 64: 424-434.

[73] Bourlinos A B, Trivizas G, Karakassides M A, et al. Green and simple route toward boron doped carbon dots with significantly enhanced non-linear optical properties[J]. Carbon, 2015, 83: 173-179.

[74] Jahan S, Mansoor F, Naz S, et al. Oxidative synthesis of highly fluorescent boron/nitrogen co-doped carbon nanodots enabling detection of photosensitizer and carcinogenic dye[J]. Anal Chem, 2013, 85: 10232-10239.

[75] Han Y, Tang D, Yang Y, et al. Non-metal single/dual doped carbon quantum dots: a general flame synthetic method and electro-catalytic properties[J]. Nanoscale, 2015, 7: 5955-5962.

[76] Gong X, Lu W, Liu Y, et al. Low temperature synthesis of phosphorous and nitrogen co-doped yellow fluorescent carbon dots for sensing and bioimaging[J]. J Mater Chem A B, 2015, 3: 6813-6819.

[77] Gong Y, Yu B, Yang W, et al. Phosphorus, and nitrogen co-doped carbon dots as a fluorescent probe for real-time measurement of reactive oxygen and nitrogen species inside macrophages[J]. Biosens Bioelectron, 2016, 79: 822-828.

[78] Lou Q, Qu S, Jing P, et al. Water-triggered luminescent "nano-bombs" based on supra-(carbon nanodots)[J]. Adv Mater, 2015, 27: 1389-1394.

[79] Wang F, Xie Z, Zhang H, et al. Highly luminescent organosilane-functionalized carbon dots[J]. Adv Funct Mater, 2011, 21: 1027-1031.

[80] Huang Y. F, Zhou X, Zhou R, et al. One-pot synthesis of highly luminescent carbon quantum dots and their nontoxic ingestion by zebrafish for in vivo imaging[J]. Chemistry, 2014, 20: 5640-5648.

[81] Yan X, Li B, Li L S. Colloidal graphene quantum dots with well-defined structures[J]. Acc Chem Res, 2013, 46: 2254-2262.

[82] Yuan F. L, Wang Z. B, Li X. H, et al. Bright multicolor bandgap fluorescent carbon quantum dots for electroluminescent light-emitting diodes[J]. Adv Mater, 2017, 29: 1604436.

[83] Jiang K, Sun S, Zhang L, et al. Red, green, and blue luminescence by carbon dots: full-color emission tuning and multicolor cellular imaging[J]. Angew Chem Int Ed, 2015, 54: 5360-5363.

[84] Li H, He X, Kang Z, et al. Water-soluble fluorescent carbon quantum dots and photocatalyst design[J]. Angew Chem Int Ed, 2010, 49: 4430-4434.

[85] Peng J, Gao W, Gupant B K, et al. Graphene quantum dots derived from carbon fibers[J]. Nano Lett, 2012, 12: 844-849.

[86] Zhang Y J, Yuan R R, He M L, et al. Multicolour nitrogen-doped carbon dots: tunable photoluminescence and sandwich fluorescent glass-based light-emitting diodes[J]. Nanoscale, 2017, 9: 17849-17858.

[87] Schenider J, Reckmeier C J, Xiong Y, et al. Molecular fluorescence in citric acid-based carbon dots[J]. J Phys Chem C, 2017, 121: 2014-2022.

[88] Xiong Y, Schneider J, Ushakova E V, et al. Influence of molecular fluorophores on the research field of chemically synthesized carbon dots[J]. Nano Today, 2018, 23: 124-139.

[89] Zhang D Y, Chao D Y, Yu C Y, et al. One-step green solvothermal synthesis of full-color carbon quantum dots based on a doping strategy[J]. J Phys Chem Lett, 2021, 12: 8939-8946.

[90] Liu M L, Chen B B, Li C M, et al. Carbon dots: synthesis, formation mechanism, fluorescence origin and sensing applications[J]. Green Chem, 2019, 21: 449-471.

[91] Li L B, Yu B, You T Y. Nitrogen and sulfur co-doped carbon dots for highly selective and sensitive detection of Hg(Ⅱ) ions[J]. Biosens Bioelectron, 2015, 74: 263-269.

[92] Zhang Y, Zhou K, Qiu Y, et al. Strongly emissive formamide-derived N-doped carbon dots embedded Eu(Ⅲ)-based metal-organic frameworks as a ratiometric fluorescent probe for ultrasensitive and visual quantitative detection of Ag^+[J]. Sens. Actuators B Chem, 2021, 339: 129922-129933.

[93] Chen Y Q, Sun X B, Pan W, et al. Fe^{3+}-sensitive carbon dots for detection of Fe^{3+} in aqueous solution and intracellular imaging of Fe^{3+} inside fungal cells[J]. Front Chem, 2020, 7: 911.

[94] Guo H, Wang X Q, Wu N, et al. One-pot synthesis of a carbon dots@zeolitic imidazolate framework-8 composite for enhanced Cu^{2+} sensing[J]. Anal Chem, 2020, 12: 4058-4063.

[95] Radhakrishnan K, Sivanesan S, Panneerselvam P. Turn-on fluorescence sensor based detection of heavy metal ion using carbon dots@graphitic-carbon nitride nanocomposite probe[J]. J. Photochem Photobiol A, 2020, 389: 112204.

[96] Zhu A, Qu Q, Shao X, et al. Carbon-dot-based dual-emission nanohybrid produces a ratiometric fluorescent sensor for in vivo imaging of cellular copper ions[J]. Angew Chem Int Ed, 2012, 51: 7185-7189.

[97] Liu L Z, Feng F, Paau M C, et al. Carbon dots isolated from chromatographic fractions for sensing applications[J]. RSC Adv, 2015, 5(129): 106838.

[98] Mao Y, Bao Y, Han D X, et al. Efficient one-pot synthesis of molecularly imprinted silica nanospheres embedded carbon dots for fluorescent dopamine optosensing[J]. Biosens Bioelectron, 2012, 38: 55-60.

[99] Krishna A S, Radhakumary C, Sreenivasan K. In vitro detection of calcium in bone by modified carbon dots[J]. Analyst, 2013, 138: 7107-7111.

[100] Kong D P, Yan F Y, Luo Y M, et al. Amphiphilic carbon dots for sensitive detection, intracellular imaging of Al^{3+}[J]. Anal Chim Acta, 2017, 953: 63-70.

[101] Zhang H Y, Wang Y, Xiao S, et al. Rapid detection of Cr(Ⅵ) ions based on cobalt(Ⅱ)-doped carbon dots[J]. Biosens Bioelectron, 2017, 87: 46-52.

[102] Wang H, Lu Q, Liu Y, et al. A dual-signal readout sensor for highly sensitive detection of iodide ions in urine based on catalase-like reaction of iodide ions and N-doped C-dots[J]. Sens Actuators B Chem, 2017, 250: 429-435.

[103] Chowdhury D, Gogoi N, Majumdar G. Fluorescent carbon dots obtained from chitosan gel[J]. RSC Adv,

2012, 2(32): 12156-12159.

[104] Baruah U, Gogoi N, Majumdar G, et al. β-Cyclodextrin and calix[4]arene-25,26,27,28-tetrol capped carbon dots for selective and sensitive detection of fluoride[J]. Carbohydr Polym, 2015, 117: 377-383.

[105] Jiang H, Zhao X Y, Schanze K S. Amplified fluorescence quenching of a conjugated polyelectrolyte mediated by Ca^{2+}[J]. Langmuir, 2006, 22(13): 5541-5543.

[106] Huh H S, Lee S W. Lanthanide-oxalate coordination polymers formed by reductive coupling of carbon dioxide to oxalate: $[Ln_2(3,5\text{-pdc})_2(C_2O_4)(H_2O)_4] \cdot 2H_2O$ (Ln = Eu, Sm, Ho, Dy; pdc = Pyridinedicarbox) [J]. Bull Korean Chem Soc, 2006, 27(11): 1839-1843.

[107] Hou X, Zeng F, Du F, et al. Carbon-dot-based fluorescent turn-on sensor for selectively detecting sulfide anions in totally aqueous media and imaging inside live cells [J]. Nanotechnology, 2013, 24: 335502.

[108] Yin B, Deng J, Peng X, et al. Green synthesis of carbon dots with down- and up- conversion fluorescent properties for sensitive detection of hypochlorite with a dual-readout assay[J]. Analyst, 2013, 138(21): 6551-6557.

[109] Achadu O J, Nyokong T. Fluorescence "turn-on" nanosensor for cyanide ion using supramolecular hybrid of graphene quantum dots and cobalt pyrene-derivatized phthalocyanine[J]. Dyes Pigm, 2019, 160: 328-335.

[110] Doroodmand M M, Askari M. Synthesis of a novel nitrogen-doped carbon dot by microwave-assisted carbonization method and its applications as selective probes for optical pH (acidity) sensing in aqueous/nonaqueous media, determination of nitrate/nitrite, and optical recognition of NO_x gas[J]. Anal Chim Acta, 2017, 968: 74-84.

[111] Ahmed G. H. G, Laíño R. B, Calzón J. A. G, et al. Fluorescent carbon nanodots for sensitive and selective detection of tannic acid in wines[J], Talanta, 2015, 132: 252-257.

[112] Costas-Mora I, Romero V, Lavilla I, et al. In situ building of nanoprobe based on fluorescent carbon dots for methylmercury detection[J], Anal Chem, 2014, 86: 4536-4543.

[113] Qian Z, Shan X Y, Chai L, et al. A universal fluorescence sensing strategy based on biocompatible graphene quantum dots and graphene oxide for the detection of DNA[J]. Nanoscale, 2014, 6(11): 5671-5674.

[114] Xu B L, Zhao C Q, Wei W L, et al. Aptamer carbon nanodot sandwich used for fluorescent detection of protein[J]. Analyst, 2012, 137: 5483-5486.

[115] Purbia R, Paria S. A simple turn on fluorescent sensor for the selective detection of thiamine using coconut water derived luminescent carbon dots[J]. Biosens Bioelectron, 2016, 79: 467-475.

[116] Zhang Z T, Fan Z F. Application of magnesium ion doped carbon dots obtained via hydrothermal synthesis for arginine detection[J]. New J Chem, 2020, 44: 4842-4849.

[117] Liu L Z, Feng F, Paau M C, et al. Sensitive determination of kaempferol using carbon dots as a fluorescence probe[J]. Talanta, 2015, 144: 390-397.

[118] Liu L Z, Mi Z, Hu Q, et al. Green synthesis of fluorescent carbon dots as an effective fluorescence probe for morin detection[J]. Anal Chem, 2019, 11(3): 353-358.

[119] Zhou L, Lin Y, Huang Z, et al. Carbon nanodots as fluorescence probes for rapid, sensitive, and label-free detection of Hg^{2+} and biothiols in complex matrices[J]. Chem Commun, 2012, 48(8): 1147-1149.

[120] Liu L Z, Mi Z, Hu Q, et al. One-step synthesis of fluorescent carbon dots for sensitive and selective detection of hyperin[J]. Talanta, 2018, 186: 315-321.

[121] Liu L Z, Mi Z, Guo Z Y, et al. A label-free fluorescent sensor based on carbon quantum dots with enhanced sensitive for the determination of myricetin in real samples[J]. Microchem J, 2020, 157: 104956.

[122] Liu L Z, Mi Z, Huo X Y, et al. A label-free fluorescence nanosensor based on nitrogen and phosphorus

co-doped carbon quantum dots for ultra-sensitive detection of new coccine in food samples[J]. Food Chem, 2022, 368: 130829.

[123] Qu K, Wang J, Ren J, et al. Carbon dots prepared by hydrothermal treatment of dopamine as an effective fluorescent sensing platform for the label-free detection of iron (Ⅲ) ions and dopamine[J]. Chem Eur J, 2013, 19(22): 7243-7249.

[124] Liu L Z, Mi Z, Li H H, et al. Highly selective and sensitive detection of amaranth by using carbon dots-based nanosensor[J]. RSC Adv, 2019, 9: 26315-26320.

[125] Liu L Z, Mi Z, Wang J L, et al. A label-free fluorescent sensor based on yellow-green emissive carbon quantum dots for ultrasensitive detection of congo red and cellular imaging[J]. Microchem J, 2021, 168: 106420.

[126] Liu L Z, Chen M, Yuan L, et al. A novel ratiometric fluorescent probe based on dual-emission carbon dots for highly sensitive detection of salicylic acid[J]. Spectrochim Acta A Mol Biomol Spectrosc, 2023, 303: 123232.

[127] 刘荔贞, 陈梦, 袁琳, 等. 基于双发射碳量子点的比率型荧光探针检测阿司匹林[J]. 分析试验室, 2024, 43(5): 676-681.

CHAPTER 3

第 3 章

黄酮类化合物的碳量子点荧光传感

黄酮类化合物是一类在植物中分布较广且重要的多酚类天然产物，泛指两个具有酚羟基的苯环通过中间三个碳原子相互连接而成的一系列化合物[1]，对植物的生长、发育、开花、结果以及抵御异物的侵袭起着重要作用。黄酮类化合物有广泛的药理活性[2-4]，如抗氧化作用、抗自由基作用、软化心血管的作用、抗肿瘤作用、对平滑肌的保护作用、抗炎、抗菌、抗病毒的作用、降血糖、镇痛止泻、防止溃疡的作用。此外，还可作为功能食品添加剂，天然抗氧化剂食用。目前测定黄酮类化合物的方法，应用较多的是以芦丁为标样的 $NaNO_2$-$Al(NO_3)_3$ 显色法[5]，但是此反应并不专一，很多非黄酮类化合物也可参与反应，对测定结果产生影响。随着碳纳米材料的发展，CDs 凭借其优异的光学性能及低毒性引起研究者的关注。本研究以 CDs 作为荧光探针，建立了一系列黄酮类化合物的灵敏、快速、简单的测定方法，具有好的选择性，为含黄酮类药物的质量控制和临床药物检测提供了参考，具有好的应用前景和潜在价值。

3.1 碳量子点用于山柰酚的荧光传感

山柰酚是一种常见的黄酮醇，广泛存在于茶叶、西兰花、苹果、草莓和豆类中[6]。山柰酚因具有抗癌[7,8]、抗动脉硬化[9]、抗氧化[10]、消炎[11]和骨再生[12]等生物活性，受到越来越多的关注，被用于咳嗽、哮喘、支气管炎、糖尿病、白内障等的治疗，尤其可以作为消炎药[13]。此外它还具有神经元保护、抗抑郁、抗焦虑和扩张冠状动脉血管等作用，被用于治疗心血管疾病[14]。然而山奈酚的过量摄入会引起不良反应。因此，建立一种快速、简单、灵敏的方法用于山奈酚的质量控制和临床药物检测显得尤为重要。

目前对山奈酚的检测方法主要有高效液相色谱法[15-17]、气相色谱-质谱联用法[18]、液相色谱-质谱联用法[19]、毛细管电泳法[20,21]和胶束电动色谱法[22]。虽然这些方法准确、灵敏度高，但是操作复杂、分析速度慢、成本高、需要昂贵的仪器设备。与其他分析方法相比，荧光分析法不仅速度快、成本低，而且具有操作简单、灵敏度高等优点。据我们所知，目前只有 Tan 等人[23]报道用巯基乙酸修饰 CdTe 量子点作为荧光探针测定山奈酚。线性范围和检出限分别为 4~44μg/mL 和 0.79μg/mL。因此，建立一种高灵敏度和高选择性的方法用于山奈酚的测定仍然具有重要的价值。

本工作首次用 CDs 作为荧光探针测定山奈酚。CDs 产品是将水、冰醋酸和 P_2O_5 简单混合后自催化反应得到。研究发现，山奈酚能使所合成 CDs 的荧光发生猝灭，并且猝灭程度与山奈酚的浓度有关，据此建立了测定山奈酚的新方法。与其他测定山奈酚的方法比较，该方法不仅操作简单、速度快和成本低，而且具有高的选择性和灵敏度。此外，该方法被成功地用于心达康片和人血样中山奈酚的测定，结果令人满意。本工作不仅为山奈酚的测定提供了新方法，同时也拓展了 CDs 的应用范围。

3.1.1 CDs 的制备与表征

试剂来源：五氧化二磷和 2,5-二羟基苯甲酸（DHB）购自 Sigma 公司；山奈酚（Kae）、阿魏酸（Fer）、大豆苷元（Dai）、大黄酚（Chr）、芦丁（Rut）、绿原酸（Chl）、儿茶素（Catn）、表儿茶素（Epi）和儿茶酚（Catl）购自中国药品生物制品鉴定所；冰醋酸和盐酸购自 Fisher Chemical 公司；磷酸氢二钠（Na_2HPO_4）和磷酸二氢钠（NaH_2PO_4）购自 Mallinckrobt Chemical 公司；溴化钾购自 Aldrich 公司；甲醇和乙腈购自 Labscan 公司；氢氧化钠购自 Acros Organics 公司；NaCl、KCl、$PbCl_2$、$MgCl_2$、$AlCl_3$、$Zn(NO_3)_2$、$Fe(NO_3)_3$ 和 $CaCl_2$ 购自 Sinopharm 公司；苏氨酸（Thr）、甘氨酸（Gly）、谷氨酸（Glu）、丙氨酸（Ala）、组氨酸（His）、半胱氨酸（Cys）和色氨酸（Try）购自上海康达氨基酸厂；心达康片购自四川心达康制药有限公司。水由 Millipore Milli-Q-RO4 超纯水净化系统（Bedford, MA, USA）提供。实验所有试剂均为分析纯，且在使用过程中不做任何处理。实验用水均为超纯水。

仪器设备：Cary100 紫外可见光谱仪（Varian, Palo Alto, CA），F-2500 荧光分光光度计（Hitachi, Japan），Nicolet Magna-IR 550 红外光谱仪（Thermo Scientific,

Waltham, MA, USA), SKL-12 X 射线光电子能谱仪（Leybold Heraeus, Germany），JEOL JEM-2010 透射电子显微镜（Tokyo, Japan），Bruker Autoflex 基质辅助激光解吸飞行时间质谱仪（Bremen, Germany），pH 酸度计（Allometrics Inc., Baton Rouge, CA, USA），AP250D 电子天平（Ohaus, USA）。

CDs 的制备：将 1mL 的冰醋酸和 80μL 的超纯水混合后迅速加入盛有 2.5g P_2O_5 的 25mL 烧杯中，无需搅动。整个合成过程在通风橱中进行，以防止吸入挥发出来的醋酸。待反应结束后，冷却 10min，得到深褐色的固体粗产品。将所得粗产品分散在水中并装入醋酸纤维膜透析袋（1000Da），在 2L 的超纯水中透析一周时间。从透析袋中取出 CDs 粗产品的悬浮液，高速离心（8000r/min）15min，去除上清液。将沉淀物冷冻干燥，得到褐色的 CDs 固体产品。将适量的 CDs 溶于甲醇，备用。

CDs 的紫外-可见和荧光光谱表征：将 CDs 的甲醇溶液置于比色皿中，以甲醇做空白，用紫外-可见光谱仪扫描 200～700nm 间的紫外可见吸收光谱。将不同溶剂的 CDs 溶液分别置于比色管中，在不同的激发波长（350～500nm）下扫描荧光光谱，激发和发射的狭缝宽度均设为 5nm。

CDs 的红外光谱表征：将 1～2mg 的 CDs 样品与 100mg KBr 固体粉末混合后，在玛瑙研钵中研磨，研磨到颗粒粒径小于 2μm，置于模具中，用 29.7MPa 的压力在压力机上压成透明的薄片，在红外光谱仪上扫描，扫描范围为 500～4000cm^{-1}。

CDs 的 X 射线光电子能谱表征：将 CDs 样品在 X 射线光电子能谱仪上测定，得到的能谱用 Casa XPS v.2.3.12 软件处理分析。

CDs 的透射电子显微镜表征：将铜网（400 目）放在滤纸上，用 10μL 的移液枪吸取 CDs 的甲醇溶液滴在铜网的碳膜上，在无尘环境中，稍作干燥后进行测试。

CDs 的质谱表征：将 CDs 的甲醇溶液与 1mol/L DHB 水溶液等体积混合，吸取 4μL 的混合液点在质谱板上，干燥后用于质谱测定。

荧光量子产率的测定（采用参比法）：将适量的硫酸奎宁溶于 0.1mol/L 硫酸溶液配制硫酸奎宁参比溶液。分别测定硫酸奎宁和 CDs 样品的紫外吸光度，为避免溶液浓度过高产生自猝灭而带来的误差，紫外吸光度均小于 0.1[24,25]。再分别测定硫酸奎宁和 CDs 样品在激发波长 370nm 下的荧光光谱，在发射波长 390～650nm 范围内，对荧光光谱的峰面积进行积分。按照 $\Phi_S = \Phi_R (Grad_S / Grad_R)(\eta_S / \eta_R)^2$ 计算荧光量子产率，Φ 表示量子产率，S 表示样品，R 表示参比物质，$Grad$ 是荧光峰面积对紫外吸光度的斜率，η 是溶剂的折射率。已知，硫酸奎宁的荧光量子产率是 0.54，水的折射率是 1.33，甲醇的折射率是 1.44。

3.1.2 CDs 的性能研究

TEM 是表征 CDs 尺寸大小和形貌的重要手段。图 3-1 是 CDs 的 TEM 图和粒径分布图。由图可知,合成的 CDs 近似于球形,尺寸均一,粒径范围为 1.5~3.8nm,平均粒径为 (2.6±0.3) nm。

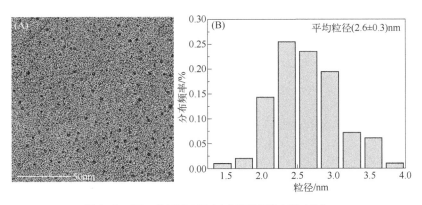

图 3-1 CDs 的 TEM 图(A)和粒径分布图(B)

图 3-2(A)是 CDs 样品甲醇溶液的紫外-可见吸收光谱及荧光发射光谱图。曲线 a 是 CDs 样品的紫外-可见吸收光谱,CDs 样品在 215nm 处有吸收峰,是由 C=C 骨架组成的共轭体系中 C=C 的 $\pi \rightarrow \pi^*$ 跃迁引起的[26];在 250nm 处有明显的吸收峰,是由于 CDs 样品中有多重芳环结构的形成[27-29];在 300nm 处有一个宽的吸收峰,是由 C=O 基团中 $n \rightarrow \pi^*$ 跃迁引起的[29,30]。曲线 b 是 CDs 样品在 370nm 激发下的荧光发射光谱,在 490nm 处有最大的荧光发射峰出现。另外,CDs 样品溶液在日光灯下呈透明的浅黄色,在紫外灯的照射下发出黄绿色的荧光。CDs 样品的荧光量子产率是用硫酸奎宁作为参比物测定的,图 3-2(B)和(C)是 CDs 样品和硫酸奎宁在不同吸光度下的荧光发射峰面积,硫酸奎宁和 CDs 样品荧光发射峰面积对吸光度的斜率分别是 45.82 和 2.56,经计算测得 CDs 样品的荧光量子产率为 3.53%。

图 3-3(A)是 CDs 样品的甲醇溶液在不同激发波长下的荧光光谱,激发波长在 350~460nm 范围,最大发射波长基本保持不变。当激发波长在 360~410nm 范围,CDs 样品溶液有强的荧光发射峰。激发波长在 460~500nm 范围,最大发射波长随着激发波长的增加而逐渐红移。图 3-3(B)是 CDs 样品水溶液在不同激发波长下的荧光光谱,它的荧光特征与 CDs 样品在甲醇溶液中的基本一致。

通过红外(IR)光谱,对 CDs 样品的表面基团进行了表征。图 3-4 是 CDs 样

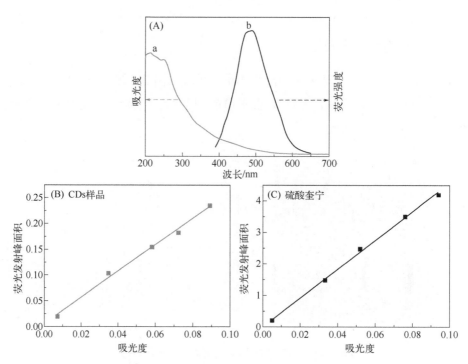

图3-2 CDs样品甲醇溶液的紫外-可见吸收光谱及荧光发射光谱图（A），CDs样品（B）和硫酸奎宁（C）溶液在不同吸光度下的荧光发射峰面积

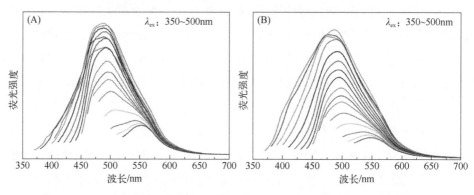

图3-3 CDs样品的甲醇溶液（A）和水溶液（B）在不同激发波长下的荧光光谱

品的红外光谱图，在 3432cm^{-1} 处有明显的吸收峰，对应于 O—H 的伸缩振动峰。2925cm^{-1} 和 2857cm^{-1} 处的峰为 C—H 的伸缩振动峰。1656cm^{-1}、1608cm^{-1} 和 1403cm^{-1} 处的峰分别为 C=O 的伸缩振动峰、C=C 的伸缩振动峰和 CH$_3$ 的面内弯曲振动峰[31]。此外，2395cm^{-1} 和 2300cm^{-1} 处有明显的吸收峰，对应于磷酸中 P—OH 的弯曲振动峰，表明合成的 CDs 样品表面连有磷酸基团。1162cm^{-1}、1079cm^{-1} 和 966cm^{-1} 处的峰分别为 P=O、P—O—C 和 P—O—H 的伸缩振动峰[26]。从以上分析测试结果可以看

出，CDs 表面含有大量的以 sp³（C—C），sp²（C=C），sp²（C=O）形式存在的 C 原子和含磷基团。

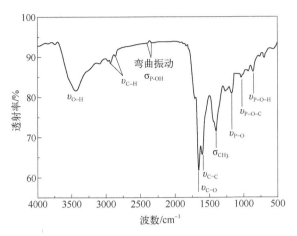

图 3-4 CDs 样品的 IR 光谱图

为了进一步分析 CDs 样品的表面性能及元素组成，对 CDs 样品进行了 XPS 表征。图 3-5（A）是 CDs 样品的 XPS 全能谱，如图所示，在 287eV、534eV 和 135eV 处有三个峰，分别对应于 C 1s、O 1s 和 P 2p，表明合成的 CDs 样品主要由 C、O 和 P 三种元素组成。图 3-5（B）是 C 1s 的 XPS 谱图，分峰处理后得到四个峰，电子结合能为 284.6eV、286.3eV、288.5eV 和 290.2eV，分别对应于 C=C、C—OH、C—O—C 和 O=C—OH[32-34]。图 3-5（C）是 O 1s 的 XPS 谱图，分峰处理后得到三个峰，电子结合能为 532.2eV、533.7eV 和 535.2eV，分别对应于 C=O、O—C—C 和 O=C—OH[33,35,36]。图 3-5（D）是 P 2p 的 XPS 谱图，135.2eV 处的电子结合能对应于 PO_4^{3-}。由此可以看出，CDs 表面存在大量的 C=C、C—O、C=O、C—OH、COOH

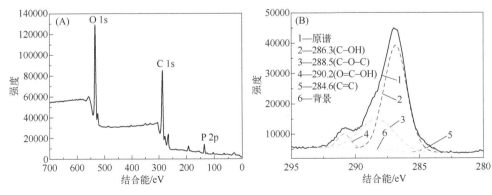

图 3-5

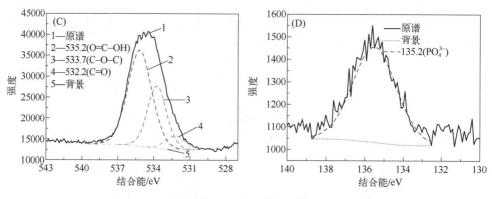

图 3-5 CDs 样品 XPS 谱图

(A) 全谱；(B) C 1s 谱；(C) O 1s 谱；(D) P 2p 谱

和 PO_4^{3-} 官能团。

进一步利用质谱分析法（MS）对 CDs 样品进行了结构剖析，图 3-6（A）是 CDs 样品的质谱图，星号标记的为最大分子量的质谱峰，由此可以估测出合成的 CDs 的相对分子量为 3034。图 3-6（B）、（C）和（D）是 CDs 在质荷比为 1000~

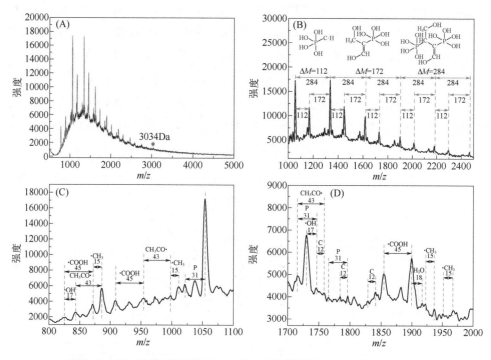

图 3-6 CDs 样品的质谱图（A），CDs 在质荷比为 1000~2500（B）、800~1100（C）和 1700~2000（D）范围的质谱峰放大图

2500、800～1100 和 1700～2000 范围的质谱峰放大图，从图中可以观察到一系列可重复的质量差值 12、15、17、18、31、43、45、112、172 和 184 分别对应于 C、CH_3、OH、H_2O、P、$COCH_3$、COOH、CH_5PO_4、$C_3H_9PO_6$ 和 $C_4H_{14}P_2O_{10}$ 片段。质谱分析结果表明，CDs 表面存在 OH、PO_4^{3-}、COOH 和 $COCH_3$ 基团，这与 IR 和 XPS 测定结果相一致。

3.1.3 基于 CDs 的荧光传感构建及对山柰酚的测定

精密称量 25mg 的山柰酚，用甲醇溶解并定容于 25mL 的容量瓶中，得到浓度为 3.5mmol/L 的山柰酚溶液。将配制好的溶液储存于 4℃的冰箱备用。准确称量 0.78g 的磷酸二氢钠和 1.7907g 的磷酸氢二钠，用水溶解并定容于 500mL 的容量瓶中，制得浓度为 0.01mol/L 的磷酸盐缓冲溶液（pH=6），使用时用 NaOH（1mol/L）或 HCl（1mol/L）调节至所需的 pH 值。

在荧光杯中，依次加入 2.8mL 的磷酸盐缓冲溶液（pH=6）、0.2mL 的 CDs 溶液（1.5mg/mL）及不同浓度的山柰酚溶液，室温反应 20min 后，进行荧光测定。激发波长为 370nm，发射波长范围为 390～700nm，激发和发射的狭缝宽度均为 5nm。记录加入不同浓度山柰酚溶液后体系的荧光强度 F，F_0 为加入山柰酚溶液前体系的荧光强度，再计算相对荧光强度 F_0/F，根据相对荧光强度 F_0/F 对山柰酚的浓度作图。

对传感条件进行优化选择，考察了 CDs 浓度对体系荧光强度的影响。如图 3-7 (A) 所示，当 CDs 的浓度由 0.025mg/mL 增加到 0.1mg/mL 时，荧光强度随着 CDs 浓度的增加而逐渐增强。当 CDs 的浓度为 0.1mg/mL 时，荧光强度达到最大值，随着 CDs 的浓度进一步增加，荧光强度逐渐下降，这可能是由于 CDs 的自吸收作用所致。因而最终选择了 CDs 的实验浓度为 0.1mg/mL。考察了不同的 pH（2～12）对体系荧光强度的影响。如图 3-7 (B) 所示，在未加入山柰酚溶液时，随着 pH 值的增大，体系荧光强度先增大后减小，在 pH 为 6 时，荧光强度达到最大值。表明 CDs 的荧光对 pH 有依赖性，这与文献报道的表面修饰有羟基和羧基的 CDs 的性质一致[37,38]。当在 CDs 溶液中加入 10.5μmol/L 的山柰酚溶液时，随着 pH 值的增大，体系荧光强度也是先增大后减小，在 pH 为 6 时，荧光强度达到最大值。但是整体上来看，体系的荧光强度随着 pH 值的变化不是很显著。为了找到最佳的 pH 值，又考察了不同 pH 条件下体系的 F_0/F，如图 3-7 (C) 所示，发现在 pH 为 6 时，F_0/F

达到最大值，猝灭效果最好，因此选择最佳pH为6。同时还考察了反应时间对体系荧光强度的影响。如图3-7（D）所示，体系中加入山柰酚溶液后，在前1min，体系荧光强度急剧直线下降，之后，随着时间的增加，荧光强度逐渐减弱，20min后达到稳定，并且稳定可维持到60min。因此，最终确定了在山柰酚溶液加入体系20min后测定荧光。

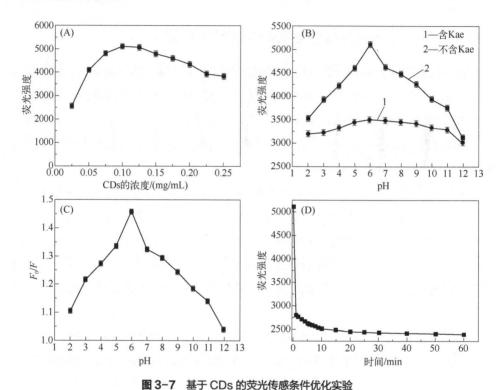

图3-7　基于CDs的荧光传感条件优化实验

(A) CDs浓度对体系荧光强度的影响；(B) 不同pH对体系荧光强度的影响；
(C) 不同pH条件下体系的F_0/F；(D) 反应时间对体系荧光强度的影响

在最佳实验条件下，考察了山柰酚浓度对体系荧光强度的影响。图3-8（A）是体系加入不同浓度的山柰酚后，CDs的荧光光谱。可以看出，随着山柰酚浓度的增加，CDs荧光发射峰强度逐渐减弱。CDs的荧光猝灭受山柰酚浓度的影响符合Stern-Volmer方程[39,40]：$F_0/F=K_{SV}[C]+1$，其中K_{SV}是Stern-Volmer猝灭常数，[C]是体系中山柰酚的浓度。图3-8（B）是F_0/F与山柰酚浓度的关系图。可以看出，山柰酚浓度在3.5~49μmol/L范围内与F_0/F呈良好的线性关系，线性方程为$F_0/F=39571[C]+1$，相关系数r为0.9989，检出限（LOD）为38.4nmol/L（S/N=3）。

说明本方法具有较高的灵敏度和宽的线性范围。将本方法与其他文献报道的测定山奈酚的方法[15,20,41-44]进行了比较（见表3-1），从表中数据可以看出，除了高效液相色谱-化学发光检测法外，本方法的 LOD 比其他方法的都低，而且本方法具有简单、快速和成本低等优点。另外，对浓度为 7μmol/L、21μmol/L 和 35μmol/L 的山奈酚溶液分别进行了 10 次平行测试，相对标准偏差 RSD 分别为 1.2%、1.6%和 1.8%。结果表明，本方法具有好的重现性。

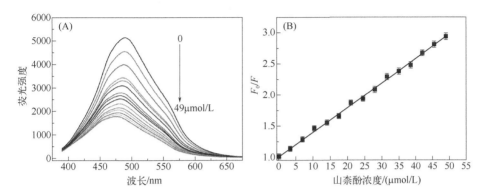

图 3-8　加入不同浓度的山奈酚后 CDs 的荧光光谱（A），F_0/F 与山奈酚浓度的关系图（B）

表 3-1　本方法与其他文献报道的测定山奈酚的方法比较

方法	线性范围/(mol/L)	LOD(mol/L)	文献
高效液相色谱-紫外检测法	$3.5×10^{-5} \sim 15.4×10^{-4}$	$40.2×10^{-7}$	[15]
高效液相色谱-电化学检测法	$3.5×10^{-5} \sim 9.4×10^{-4}$	$34.9×10^{-8}$	[41]
高效液相色谱-化学发光检测法	$3.5×10^{-9} \sim 1.4×10^{-5}$	$34.9×10^{-10}$	[42]
毛细管电泳-安培检测法	$17.5×10^{-7} \sim 41.9×10^{-6}$	$12.9×10^{-8}$	[20]
高效液相色谱-质谱检测法	$81.7×10^{-7} \sim 61.1×10^{-5}$	$59.4×10^{-8}$	[43]
高效液相色谱-紫外检测法	$7.3×10^{-7} \sim 58.4×10^{-6}$	$17.5×10^{-8}$	[44]
基于 CDs 的荧光检测法	$3.5×10^{-6} \sim 4.9×10^{-5}$	$38.4×10^{-9}$	本工作

为了检验 CDs 对山奈酚的选择性，考察了不同的潜在干扰物质对体系荧光强度的影响，这其中包括金属离子如 K^+、Na^+、Ca^{2+}、Mg^{2+}、Fe^{3+}、Zn^{2+}、Al^{3+}和 Pb^{2+}，氨基酸如苏氨酸（Thr）、甘氨酸（Gly）、谷氨酸（Glu）、丙氨酸（Ala）、组氨酸（His）、半胱氨酸（Cys）和色氨酸（Try）以及其他共存物质如阿魏酸（Fer）、大豆苷元（Dai）、大黄酚（Chr）、芦丁（Rut）、绿原酸（Chl）、儿茶素（Catn）、表儿茶素（Epi）和儿茶酚（Catl）。分为两组实验分别进行考察，第一组，每种不同的干扰物质分别对体系荧光强度的影响，如图 3-9（A）所示，发现只有山奈酚能引起体系荧光强

度的显著下降，Fe^{3+}对体系的荧光强度有微弱的影响，而其他物质对体系几乎无干扰。第二组，山奈酚和其他干扰物质形成混合溶液后对体系荧光强度的影响，如图 3-9（B）所示，当没有山奈酚时干扰物质的混合溶液对体系的荧光强度没有显著的影响，只有当山奈酚与其他干扰物质混合后，体系的荧光强度才有显著的下降。表明 CDs 对山奈酚有较高的选择性。

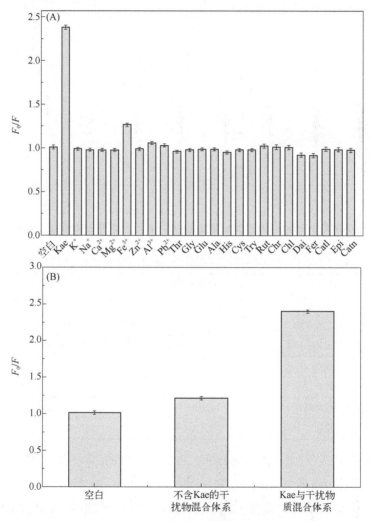

图 3-9 不同的潜在干扰物质对体系荧光强度的影响（A），山奈酚 Kae 和其他干扰物质形成混合溶液后对体系荧光强度的影响（B）

为了检验该方法用于实际样品中山奈酚测定的可行性，采用加标回收法对心达康片和血样中山奈酚的含量进行了测定。取心达康 15 片，研细，准确称量 1.5g，用甲醇溶解并定容于 10mL 的容量瓶中，超声 30min，离心（12000r/min）5min，取上清液用于样品的分析测定。血样由山西大同大学附属医院提供，使用之前储存于–20℃的冰箱，使用时取出，室温放置 3h 解冻，离心（6000r/min）15min，使血清与血浆分离，小心移取上层的血清并加入等体积的乙腈，充分震荡摇匀，使蛋白质完全沉淀，离心（8000r/min）30min，取上清液，用氮气吹走上清液中多余的乙腈，放在 4℃的冰箱备用。0.2mL 的 CDs 溶液（1.5mg/mL）和 2.8mL 的磷酸盐缓冲溶液（pH=6）均匀混合后作为荧光探针，加入 20μL 的样品，室温反应 20min 后，在 370nm 的激发波长下进行测定。结果如表 3-2 所示，未加标前，心达康片中山奈酚的含量为 1.46mg/g，在血样中没有检测到山奈酚。加标后，山奈酚在心达康片和血样中的回收率分别为 94.6%～109%和 95.7%～104%，相对标准偏差 RSD（$n=5$）≤1.73%，实验结果令人满意。所以，本方法可以用于实际样品中山奈酚含量的测定。

表 3-2 加标回收法测定心达康片和血样中山奈酚的含量（$n=5$）

样品	加入量/(mg/g)	测得量/(mg/g)	回收率/%	RSD/%
心达康片	0.00	1.46	—	1.48
	0.83	2.25	94.6	1.65
	1.67	3.28	109	1.73
	2.51	4.12	106	1.55
人血清	0.70	0.67	95.7	1.35
	1.05	1.09	104	1.63
	1.40	1.36	97.1	1.14

3.1.4 CDs 对山奈酚的荧光传感机理

虽然荧光纳米颗粒的猝灭机理还不是很明确，但是根据已有的文献可知，其猝灭与荧光内滤效应、电子转移过程、能量转移、空穴陷阱的复合、无辐射重组和不发光复合物的形成有关[45-48]。类似的机理同样适用于 CDs，因为所有纳米颗粒的粒径都小于波尔半径，它们所有的物理化学性质都受到相同的尺寸效应的影响。从图 3-8（A）中可以看出，随着山奈酚浓度的增大，体系的荧光强度逐渐减弱，同时发射波长逐渐蓝移（从 490nm 到 478nm）。从前面可知合成的 CDs 表面含有大量的含磷的磷酸官能团，这可能是由于山奈酚与这些官能团之间相互作用，从而使得 CDs 表面发生了改变[49]。也就是说，CDs 与山奈酚通过表面官能团的相互作用形成复合结构。CDs 既是良好的电子接受体也是良好的电子给体[50]，当 CDs 与山奈酚之间的距离足够小时，电子就会从受激发的 CDs 转移到山柰酚的芳香结构上，这时 CDs 可以与山柰酚发生有效的无辐射能量转移，导致 CDs 的荧光猝灭[51]。

3.2 碳量子点用于桑色素的荧光传感

桑色素是一种羟基黄酮类化合物，广泛存在于蔬菜、水果、葡萄酒、茶和桑科植物中[52]。它具有多种药理活性，如抗炎、抗病毒、抗肿瘤、抗氧化和心脏保护活性等[53-55]。桑色素已成功用于治疗发热、预防糖尿病、降低血压、增强关节、预防癌症、改善视力和预防心血管疾病等[56]。目前为止，已经开发了多种检测桑色素的方法，如高效液相色谱-紫外检测法[57,58]、高效液相色谱-二极管阵列检测法[59]、电化学法[60,61]和荧光法[62]。然而，这些方法大多复杂耗时，需要昂贵的仪器和专业的操作，同时一些方法的灵敏度较低，限制了它们在常规分析中的应用。因此，开发一种简单、经济、快速、可靠的桑色素检测方法具有重要意义。

本工作以甘氨酸和尿素为前驱体，采用绿色微波加热法合成 CDs。制备的 CDs 具有良好的水溶性和较强的荧光。研究发现，基于桑色素对 CDs 的荧光猝灭，CDs 可以作为一种有效的荧光探针，用于桑色素的高选择和高灵敏检测。在最佳实验条件下，检测过程在 10min 内完成，桑色素的线性响应范围为 $0.4\sim60\mu mol/L$，LOD 为 $0.12\mu mol/L$。据作者所知，基于 CDs 的荧光法检测桑色素的报道只有一篇，分析时间为 30min，LOD 为 $0.6\mu mol/L$[62]。本工作建立的方法比之前报道的基于 CDs 的荧光法有很大的改进。此外，该 CDs 合成方法简单、快速、经济、高效且环保。最后，基于 CDs 的荧光传感器成功地应用于人类尿液样品中桑色素的检测，结果令人满意。

3.2.1 CDs 的制备与表征

试剂来源：桑色素购自上海 Aladdin 公司；尿素和尿酸购于天津津北精细化工有限公司；磷酸二氢钠、磷酸氢二钠、溴化钾、氢氧化钠和盐酸购于天津致远化学试剂有限公司；硫酸奎宁购自上海麦克林生化科技有限公司；甘氨酸、苏氨酸、丙氨酸、抗坏血酸、谷氨酸、色氨酸和组氨酸购于中国汕头西隆科技有限公司；KCl、NaCl、$CaCl_2$、$MgCl_2$、$FeCl_3$ 和 $Zn(NO_3)_2$ 购于天津鼎盛鑫化工有限公司。所有化学品均为分析纯级别，且在使用过程中不做任何处理。实验用水均为超纯水。

采用微波加热法制备CDs：将1g甘氨酸和1g尿素溶于20mL超纯水中，超声处理20min，形成均匀溶液。然后将装有混合溶液的锥形瓶在微波炉（800W）中加热3min。在此过程中，反应物由无色溶液变为棕色固体。反应结束后，锥形瓶冷却至室温。然后，加入30mL的超纯水稀释，将稀释后的液体倒入1000Da的透析袋中透析24h，从透析袋中收集含有CDs的透明亮黄色水溶液，冷冻干燥得到CDs产品。

表征方法：用FEI Tecnai F-20透射电子显微镜（Hillsboro，USA）对CDs样品的形貌和尺寸分布进行表征。用Lambda35紫外-可见吸收光谱仪（PerkinElmer，USA）和F-2500荧光光谱仪（Hitachi，Japan）对CDs样品的光学性质进行表征。用Nicolet Magna 550傅里叶红外光谱仪（Thermo Scientific，USA）对CDs样品的表面基团进行表征。用Escalab 250 X射线光电子能谱仪（Thermo Fisher，USA）对CDs样品的元素组成和官能团进行表征。

荧光量子产率测定：以0.1mol/L的硫酸奎宁为参比，分别测定硫酸奎宁和CDs溶液的吸光度，吸光度值均小于0.1。再分别测定硫酸奎宁和CDs样品在激发波长320nm下的发射光谱，并对发射光谱的峰面积进行积分。按照$\Phi_S=\Phi_R(Grad_S/Grad_R)(\eta_S/\eta_R)^2$计算荧光量子产率，其中$\Phi$表示量子产率，S表示样品，R表示参比物质，$Grad$是荧光峰面积对紫外吸光度的斜率，$\eta$是溶剂的折射率。

3.2.2 CDs的性能研究

用TEM对CDs的形态特征进行表征。如图3-10所示，CDs呈球形，分散良

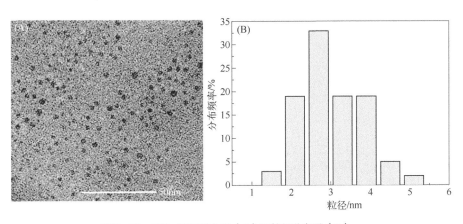

图3-10 CDs的TEM图（A）和粒径分布图（B）

好，无明显聚集。CDs 的粒径分布是通过随机计数 100 个 CDs 颗粒得到。可以看出 CDs 的粒径范围为 1.2～5.4nm，平均粒径为 3.2nm。

利用紫外-可见吸收光谱和荧光光谱对 CDs 的光学性质进行了表征。如图 3-11（A）所示，CDs 的紫外-可见吸收光谱在 320nm 处有一个吸收峰，这是由于 C=O 和 C=N 的 n→π* 跃迁所致[63-65]。在 320nm 激发波长下，CDs 在 380nm 处有最大发射峰。CDs 的溶液在日光下呈浅黄色，在紫外光下呈现明亮的蓝色。图 3-11（B）显示了 CDs 在一系列不同激发波长下的荧光光谱。当激发波长从 290nm 增加到 440nm 时，发射峰出现红移，表明 CDs 具有与激发相关的发射特性。这种依赖于激发的发射行为是由于 CDs 的不同尺寸分布及其表面不同的发射位点所致[66]。图 3-11（C）和（D）是 CDs 样品和硫酸奎宁在不同吸光度下的荧光峰面积，CDs 样品和硫酸奎宁荧光峰面积对吸光度的斜率分别是 221.88 和 923.03，以硫酸奎宁为参比，测定 CDs 的量子产率为 13%[图 3-11（C）和（D）]。

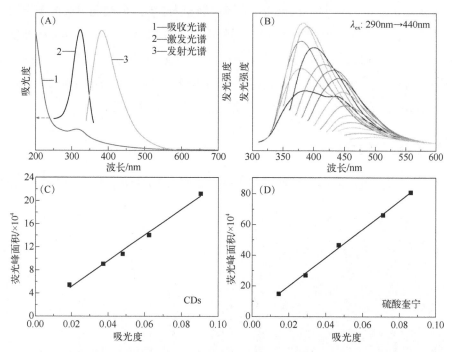

图 3-11 CDs 的紫外-可见吸收光谱、激发光谱和发射光谱（A），CDs 在 290～440nm 激发波长下的荧光发射光谱（B），CDs 样品（C）和硫酸奎宁（D）在不同吸光度下的荧光峰面积

红外光谱分析了 CDs 的结构特征，如图 3-12 所示。在 3000～3500cm^{-1} 的宽峰是由 N—H 和 O—H 伸缩振动引起的[67]。2925cm^{-1} 和 2846cm^{-1} 处为 C—H 伸缩振动峰。

1720cm^{-1}、1604cm^{-1} 和 1461cm^{-1} 处的特征峰分别属于 C=O、C=C 和 CH$_2$ 的伸缩振动。1394cm^{-1} 和 1157cm^{-1} 处的典型峰分别是 CO–NH 和 C–N 的伸缩振动[68,69]。1076cm^{-1} 处的峰属于 C–O 伸缩振动[70]。

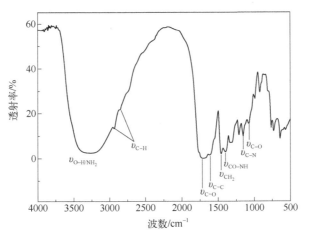

图 3-12 CDs 的红外光谱图

此外，通过 XPS 分析进一步表征了 CDs 表面的元素组成和官能团信息。如图 3-13（A）所示，CDs 主要由 C、N 和 O 元素组成，其比例分别为 55.1%、21.8% 和 23.1%。285.9eV、399.8eV 和 531.4eV 处的峰分别对应 C 1s、N 1s 和 O 1s。其中，C 1s 谱[图 3-13（B）]在 284.6eV、286.0eV 和 288.2eV 处分成三个峰，分别属于 C=C、C–N 和 C=O 基团[71]。N 1s 谱[图 3-13（C）]在 399.8eV 和 402.3eV 处有两个峰，分别属于 C–N 和 N–H 基团[72]。O 1s 谱[图 3-13（D）]在 531.2eV 和 531.8eV 处有两个峰，分别对应 C=O 和 C–O 基团。红外光谱和 XPS 结果表明，CDs 表面含有胺、酰胺、羟基和羧基等官能团。这些官能团使 CDs 具有强的荧光和良好的水溶性。

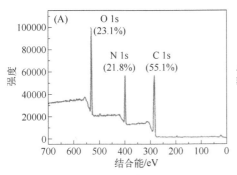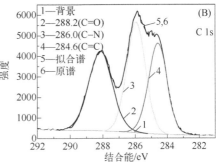

图 3-13

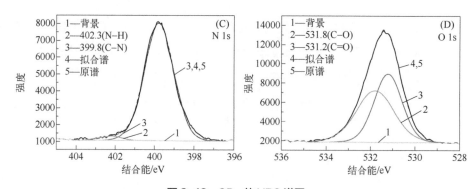

图 3-13 CDs 的 XPS 谱图

(A) 全谱；(B) C 1s 谱；(C) N 1s 谱；(D) O 1s 谱

3.2.3 基于 CDs 的荧光传感构建及对桑色素的测定

桑色素的测定，将 220μL CDs（1mg/mL）溶液与 1780μL PBS 缓冲溶液（pH=6）混合，然后加入不同量的桑色素或样品溶液。将混合物溶液振荡混合并在室温下保持 10min。在 320nm 的激发波长下记录荧光光谱，激发和发射狭缝宽度均为 10nm。计算相对荧光强度（F_0/F，F_0 和 F 分别为不加桑色素和加入桑色素后溶液的荧光强度），以评估基于 CDs 的荧光传感器对桑色素的响应。

为了获得 CDs 对桑色素的最佳传感性能，对 CDs 的用量、pH 和反应时间等一系列实验参数进行了优化。在优化实验中，桑色素的浓度为 10μmol/L，以相对荧光强度（F_0/F）作为检测信号。首先，研究了 CDs 用量（160～280μL）对 F_0/F 的影响。如图 3-14（A）所示，在 160～220μL 范围内，F_0/F 随 CDs 用量的增加而逐渐增大，当 CDs 用量大于 220μL 时，F_0/F 减小。因此，选择 220μL 作为 CDs 检测桑色素的最佳用量。其次，研究了 pH（4～8）对 F_0/F 的影响。如图 3-14（B）所示，当 pH 值从 4 增加到 6 时，F_0/F 逐渐增大，而当 pH 值大于 6 时，F_0/F 逐渐减小。F_0/F 在 pH 值等于 6 时达到最大值。因此，选择 pH=6 作为本实验的最佳 pH 值。最后，考察了 CDs 和桑色素之间反应时间对 F_0/F 的影响。如图 3-14（C）所示，可以看出，反应 1min 后，F_0/F 基本保持稳定，没有发生明显变化。为了保证整个实验的一致性，记录一个稳定的荧光信号，选择 10min 作为最佳反应时间。综上所述，选择 220μL CDs 溶液、pH=6、反应时间 10min 作为检测桑色素的最佳条件。

在上述最优条件下，记录不同浓度桑色素存在下 CDs 的荧光发射光谱，如图 3-15（A）所示，CDs 的荧光强度随着桑色素浓度的增加而逐渐降低，说明桑色素可以有效地猝灭 CDs 的荧光。在 0.4～60μmol/L 范围内，F_0/F 与桑色素浓度呈良好的线性关系,如图 3-15(B)所示,得到的线性回归方程为 $F_0/F=0.0146[C]+1$,相关系数(R)为 0.9915。基于 $3s/k$(s 为 10 次空白测量的标准偏差,k 为标准曲线的斜率),LOD 为 0.12μmol/L。表 3-3 列出了本方法与先前报道的一些测定桑色素方法的比较[57-62]。可以看出,本方法灵敏度高,具有低的 LOD。以往报道的方法大多需要昂贵的仪器、专业的技术或复杂的操作。本方法具有成本低、操作简便、

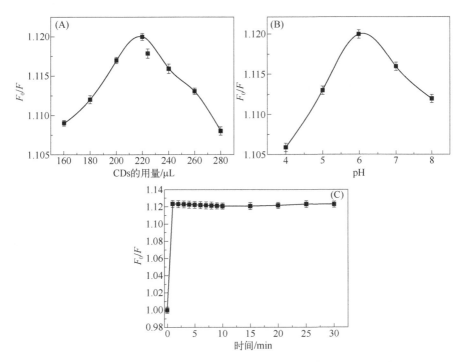

图 3-14 CDs 用量(A)、pH(B)和反应时间(C)对 F_0/F 的影响

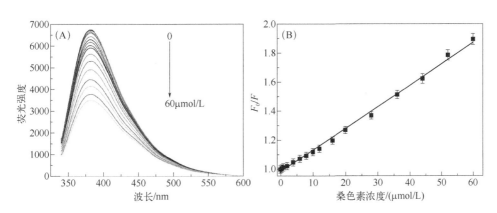

图 3-15 不同浓度桑色素存在下 CDs 的荧光发射光谱(A),F_0/F 与桑色素浓度的线性关系图(B)

表3-3 本方法与其他测定桑色素方法的比较

方法	线性范围/(μmol/L)	LOD/(μmol/L)	文献
高效液相色谱-紫外检测法	0.33~230	0.13	[57]
高效液相色谱-二极管阵列检测法	0.3~156	0.066	[58]
高效液相色谱-紫外检测法	24~377	0.76	[59]
电化学法	4~1000	1	[60]
	1~100	0.19	[61]
基于CDs的荧光检测法	0~300	0.6	[62]
	0.4~60	0.12	本工作

反应速度快等优点，更适合实际样品中桑色素的常规分析。此外，在相同条件下，通过5次重复测量桑色素的三个不同浓度（12μmol/L、28μmol/L和52μmol/L）来评估该方法的准确性和精密度，回收率为96.7%~102.5%，RSD为1.1%~2.3%。结果表明，所制备的CDs基纳米传感器具有良好的准确度和较高的精密度。

为了验证所建立的方法对桑色素检测的选择性，研究了干扰物质对桑色素测定的影响。干扰物质包括常见的金属离子（K^+、Na^+、Ca^{2+}、Mg^{2+}、Fe^{3+}和Zn^{2+}）和氨基酸（苏氨酸、甘氨酸、尿酸、谷氨酸、丙氨酸、组氨酸、色氨酸和抗坏血酸）。如图3-16所示，只有桑色素会引起CDs荧光的显著变化，而其他干扰物质对CDs的荧光影响很低或可以忽略不计。结果表明，所建立的基于CDs的纳米传感器对桑色素的检测具有优异的选择性。

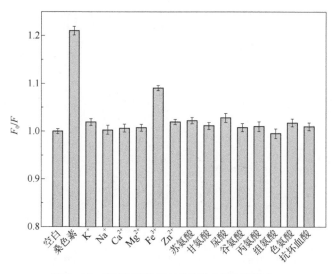

图3-16 不同干扰物质对体系荧光强度的影响

为了评估所建立的桑色素检测方法在实际样品中的适用性,使用标准加入法对人类尿液样品中的桑色素进行了检测。尿液样品取自健康志愿者,通过 0.45μm 的滤膜过滤,收集滤液,4℃保存后使用。在人类尿液样品中加入四个浓度水平的桑色素,分析结果列于表 3-4。桑色素的回收率在 97.7%~104%之间,RSD ($n=5$) 小于 2.9%,表明 CDs 基荧光传感器可以用于实际样品中桑色素的检测。

表 3-4　人尿样品中桑色素的加标回收实验($n=5$)

样品	加入量/(μmol/L)	测得量/(μmol/L)	回收率/%	RSD/%
人尿液	5	5.2	104	2.9
	20	20.3	101.5	1.8
	35	34.2	97.7	2.6
	50	49.6	99.2	1.3

3.2.4　CDs 对桑色素的荧光传感机理

基于先前的研究,可能的荧光猝灭机制主要包括基态复合物的形成、能量传递或电子转移以及 IFE[73-76]。为了探究桑色素对 CDs 的荧光猝灭机制,进行了以下实验。通常,荧光 CDs 和分析物可以通过富电子和缺电子官能团形成复合物,通过静电相互作用诱导 CDs 的荧光猝灭。首先研究了 CDs、桑色素及 CDs 和桑色素混合溶液的紫外-可见吸收光谱。如图 3-17 (A) 所示,CDs 和桑色素混合溶液的紫外-可见吸收光谱没有产生新的峰,并且与叠加的峰基本一致。这表明 CDs 和桑色素之间没有形成复合物。同时,研究了 CDs 的激发光谱和发射光谱以及桑色素的紫外-可见吸收光谱。如图 3-17 (B) 所示,桑色素的紫外-可见吸收光谱与 CDs 的发射光谱有很大的光谱重叠,表明桑色素对 CDs 的荧光猝灭可能是由于 FRET 或

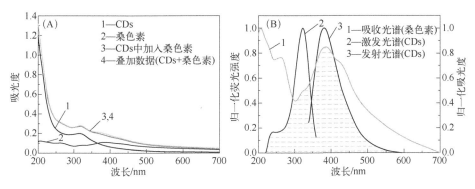

图 3-17

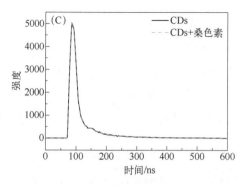

图 3-17 CDs、桑色素、加入桑色素后 CDs 的紫外-可见吸收光谱以及 CDs 和桑色素的叠加光谱（A），CDs 的激发和发射光谱以及桑色素的紫外-可见吸收光谱（B），存在和不存在桑色素时 CDs 的荧光衰减曲线（C）

IFE。为了进一步区分猝灭机制，在存在桑色素和不存在桑色素的情况下对 CDs 进行了荧光寿命测定。如图 3-17（C）所示，加入桑色素后 CDs 的荧光寿命没有变化。这排除了 CDs 与桑色素之间发生 FRET 的可能[77,78]，因此引起荧光猝灭的机制是 IFE 而不是 FRET。

3.3 磷掺杂碳量子点用于金丝桃苷的荧光传感

金丝桃苷（hyperin，HP）是一种天然的黄酮醇苷类化合物，广泛存在于多种植物体内，例如金丝桃科、桔梗科、杜鹃花科、蔷薇科和葵科等植物的果实和全草中。因其具有消炎、抗氧化、抗肿瘤、抗抑郁和护肝等多种药理活性[79]而受到广泛的关注，是多种药材质量的评价指标。临床应用结果表明，金丝桃苷对治疗口腔溃疡、咳嗽、高血压和冠心病等疾病有显著的疗效[79]。因此，对于金丝桃苷的检测既有重要的理论意义也有临床实际应用价值。目前，已报道的金丝桃苷的检测方法主要有高效液相色谱法[80]、毛细管电泳法[81]、化学发光法[82]和电化学法[83]。然而这些方法操作复杂、分析速度慢、成本高、需要昂贵的仪器设备。相比来说，荧光分析法不仅快速、成本低，而且具有操作简单、灵敏度高等优点。

本工作以五氧化二磷和柠檬酸为原料，采用自催化法快速制备了磷掺杂的碳量子点（P-CDs）。合成的 P-CDs 分散性好，粒径在 5～10.2nm 范围内，表面含有大量的羟基、羧基和含磷官能团，具有好的水溶性。研究发现金丝桃苷对 P-CDs 的荧光具有强的猝灭作用，据此建立了一种以 P-CDs 为荧光探针测定金丝桃苷的新方法。该方法简单、快速、选择性好、灵敏度高，并成功应用于实际样品复方木鸡颗粒中金丝桃苷的测定，测定结果令人满意。本方法为含金丝桃苷类药物的质量控制和临床药物检测提供了参考，具有好的应用前景。

3.3.1 P-CDs 的制备与表征

试剂来源：P_2O_5 购自 Sigma 试剂公司（St. Louis, MO, USA）；金丝桃苷、大豆苷元、阿魏酸、大黄酸、芦丁购自中国药品生物制品检验所；柠檬酸、HCl、NaOH、甲醇、KBr、$Na_2HPO_4 \cdot 7H_2O$、$NaH_2PO_4 \cdot 2H_2O$ 购自天津化学试剂公司；NaCl、KCl、$MgCl_2$、$AlCl_3$、$Zn(NO_3)_2$、$FeCl_3$、$CaCl_2$ 购自北京化学试剂公司；复方木鸡颗粒购自丹东制药有限公司。所有试剂均为分析纯，实验用水均为超纯水。

P-CDs 的制备：将 0.5g 柠檬酸溶于 1mL 超纯水，超声处理 30min 后，快速加入盛有 2.5g P_2O_5 的烧杯中，无需搅拌，整个反应过程在通风橱中进行。反应结束后，烧杯冷却至室温，加入 20mL 的超纯水稀释，将稀释后的液体倒入 1000Da 的透析袋中透析 24h，从透析袋中取出含有 P-CDs 的溶液，冷冻干燥，得到 P-CDs 固体产品。

表征方法：用 Tecnai F30 透射电子显微镜（FEI，USA）对 P-CDs 样品的形貌和粒度分布进行表征。用 Lambda35 紫外-可见吸收光谱仪（PerkinElmer，USA）和 F-2500 荧光光谱仪（Hitachi，Japan）对 P-CDs 样品的光学性质进行表征。用 Tensor-27 傅里叶红外光谱仪（Bruker，Germany）对 P-CDs 样品的表面基团进行表征。用 Escalab 250X 射线光电子能谱仪（Thermo Fisher，USA）对 P-CDs 样品的元素组成和官能团进行表征。

荧光量子产率的测定：以 0.1mol/L 硫酸奎宁作为参比，分别测定硫酸奎宁和 P-CDs 溶液的吸光度，吸光度值均小于 0.1。再分别测定硫酸奎宁和 P-CDs 样品在激发波长 360nm 下的发射光谱，并对发射光谱的峰面积进行积分。按照 $\Phi_S = \Phi_R (Grad_S / Grad_R)(\eta_S / \eta_R)^2$ 计算荧光量子产率，Φ 表示量子产率，S 表示样品，R 表示参比物质，$Grad$ 是荧光峰面积对吸光度的斜率，η 是溶剂的折射率。

3.3.2 P-CDs 的性能研究

图 3-18 为 P-CDs 的 TEM 图和粒径分布图。从图中可以看出合成的 P-CDs 呈球形，具有好的分散性。粒径主要分布在 5～10.2nm 范围内，平均粒径为 7.8nm±0.3nm。

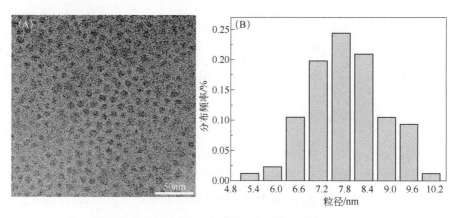

图 3-18 P-CDs 的 TEM 图 (A) 和粒径分布图 (B)

图 3-19 为 P-CDs 的红外光谱图,从图中可以看出,3413cm^{-1} 处为 O—H 的伸缩振动。2937cm^{-1} 和 2850cm^{-1} 处为 C—H 的伸缩振动。1720cm^{-1}、1639cm^{-1} 和 1402cm^{-1} 处分别为 C=O、C=C 和 O=C—O 的伸缩振动。2362cm^{-1} 处为 P—OH 的弯曲振动。1093cm^{-1}、993cm^{-1} 和 914cm^{-1} 处分别为 P=O、P—O—C 和 P—O—H 的伸缩振动[26]。结果表明 P-CDs 表面含有大量羟基、羧基和含磷官能团。

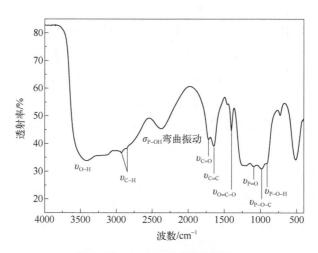

图 3-19 P-CDs 的红外光谱图

图 3-20 为 P-CDs 的 XPS 谱图。图 3-20(A) 为 P-CDs 的 XPS 全谱图,在 284.8eV、532.4eV 和 135eV 处的峰分别对应于 C 1s、O 1s 和 P 2p,表明 P-CDs 的主要成分为 C、O 和 P。图 3-20(B) 为 P-CDs 的 C 1s 谱图,可以看出 P-CDs 存在 3 种碳键,分别为:C=C (284.8eV),C—OH (286.6eV) 和 C=O (288.3eV)[33]。图 3-20(C) 为 P-CDs 的 O 1s 谱图,在 532eV 和 533.2eV 处分别为 C=O/O=C—OH 和 C—O—C/

C—OH 的特征峰[33,35]。图 3-20（D）为 P-CDs 的 P 2p 谱图，在 531.75eV 处为 PO_4^{3-} 的特征峰。说明 CDs 掺杂 P，表面含有羟基和羧基，与红外光谱分析结果吻合。

图 3-21（A）为 P-CDs 的紫外吸收和荧光光谱图，紫外吸收在 210nm 和 300nm 处有宽的特征吸收峰。在最佳激发波长 280nm 下，P-CDs 在 310nm 和 390nm 处有

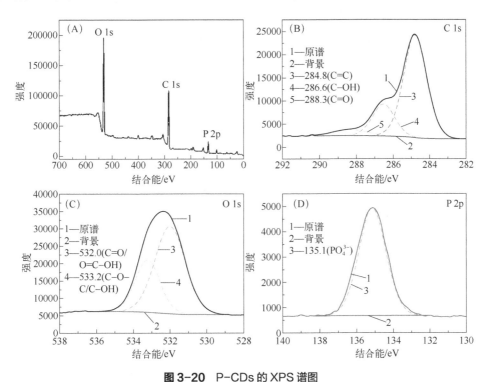

图 3-20 P-CDs 的 XPS 谱图
（A）全谱； （B）C 1s 谱； （C）O 1s 谱；（D）P 2p 谱

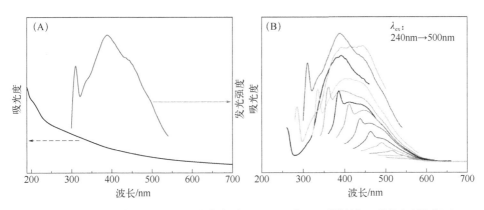

图 3-21 P-CDs 的紫外吸收和荧光光谱（A），P-CDs 在不同激发波长下的荧光光谱（B）

明显的荧光发射峰。在紫外灯照射下，发出明亮的蓝色荧光。图3-21（B）为P-CDs在不同激发波长下的发射光谱图，从图中可以看出，随着激发波长的增大，P-CDs的发射峰发生红移。以硫酸奎宁为参比，P-CDs的荧光量子产率为5.78%。

3.3.3 基于P-CDs的荧光传感构建及对金丝桃苷的测定

取0.2mL P-CDs溶液（1.5mg/mL）于比色皿中，用磷酸缓冲溶液（pH=8）稀释至2mL，测其荧光强度。然后将不同浓度的金丝桃苷或样品溶液加入比色皿中，混合均匀后室温下反应10min，在280nm激发波长和390nm发射波长下测定其荧光强度。计算金丝桃苷对P-CDs的荧光猝灭率（F_0/F，F_0为不加金丝桃苷时溶液的荧光强度，F为加入金丝桃苷后溶液的荧光强度）。

传感条件的优化选择：①考察了在不同P-CDs浓度（0.04～0.23mg/mL）下，金丝桃苷对P-CDs的荧光猝灭程度。如图3-22（A）所示，随着P-CDs浓度的增大，F_0/F先增大后逐渐减小，当P-CDs的浓度为0.15mg/mL时，金丝桃苷对P-CDs的荧光猝灭效果最好，所以本工作选择P-CDs的浓度为0.15mg/mL。②考察了在不同磷酸缓冲溶液pH（2～12）下，金丝桃苷对P-CDs的荧光猝灭程度。如图3-22（B）

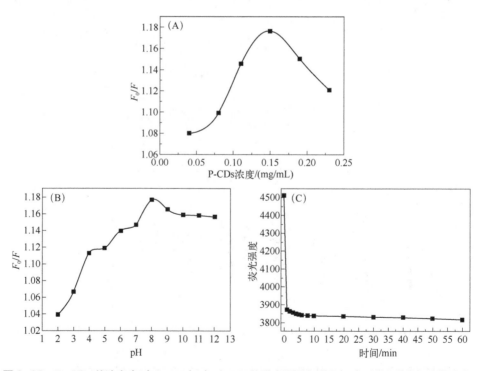

图3-22 P-CDs的浓度（A）和pH（B）对F_0/F的影响及反应时间（C）对体系荧光强度的影响

所示,随着 pH 值的增大,F_0/F 先增大后逐渐减小,当 pH 值为 8 时,金丝桃苷对 P-CDs 的荧光猝灭程度最大,因此选择最佳 pH 值为 8。③考察了不同的反应时间对体系荧光强度的影响。如图 3-22 (C) 所示,在体系中加入金丝桃苷后,前 1min,体系荧光强度急剧直线下降;此后,随着时间的延长,荧光强度逐渐减弱,直到达到 10min;10min 后体系荧光强度几乎无明显变化,故本实验的反应时间选择 10min。

在最佳实验条件下,考察了金丝桃苷浓度对 P-CDs 荧光强度的影响。图 3-23 (A) 是加入不同浓度的金丝桃苷后,P-CDs 的荧光光谱。从图中可以看出,随着金丝桃苷浓度的增大,P-CDs 的荧光发射峰强度逐渐减弱,发生不同程度的猝灭。图 3-23 (B) 是 P-CDs 的 F_0/F 与金丝桃苷浓度的关系图。如图所示,金丝桃苷浓度在 0.22~55μmol/L 范围内与 F_0/F 呈良好的线性关系,线性方程为 F_0/F=0.0361[C]+1,相关系数 r 为 0.9983,LOD 为 78.3nmol/L (S/N=3)。与其他已报道的检测金丝桃苷的方法比较[81,83-85],本方法具有好的线性范围和高的灵敏度。

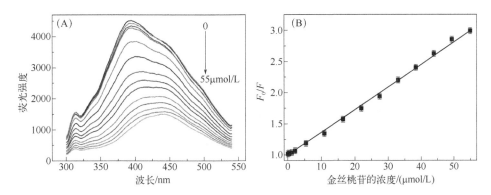

图 3-23 金丝桃苷浓度对 P-CDs 荧光强度的影响 (A),以及金丝桃苷浓度与 F_0/F 的关系图 (B)

本研究拟对药物中的金丝桃苷进行测定,所以考察了药物中可能存在的其他成分(大豆苷元、阿魏酸、大黄酸和芦丁)和常见金属离子(K^+、Na^+、Ca^{2+}、Mg^{2+}、Fe^{3+}、Zn^{2+}和 Al^{3+})对测定结果的影响。结果如表 3-5 所示,以金丝桃苷的浓度为 30μmol/L,相对误差不超过±5%为限定,干扰物的浓度 10 倍于金丝桃苷时,只有金丝桃苷能使 P-CDs 的荧光发生显著的猝灭,其他干扰物对 P-CDs 的荧光有微弱的或者可忽略的影响,对测定结果几乎无干扰。表明 P-CDs 对金丝桃苷有好的选择性。

考察了此方法用于实际样品测定的可行性。准确称取 1g 的复方木鸡颗粒,用甲醇溶解并定容于 10mL 的容量瓶,超声 30min,离心 (6000r/min) 15min,取上清液用于样品的分析测定。同时进行加标回收实验，结果如表3-6所示，加标回收率在93.33%~107.27%之间，RSD≤1.71%。表明该方法具有较高的准确度，可以用于实际样品中金丝桃苷的测定。

表3-5 不同物质对P-CDs荧光的影响

物质	浓度/(μmol/L)	荧光改变量/%	物质	浓度/(μmol/L)	荧光改变量/%
HP	30	-54.4	Na^+	300	-3.4
大豆苷元	300	-7.3	Ca^{2+}	300	5.5
阿魏酸	300	4.5	Mg^{2+}	300	-2.6
大黄酸	300	-3.9	Fe^{3+}	300	-9.5
芦丁	300	-6.9	Zn^{2+}	300	2.2
K^+	300	-4.1	Al^{3+}	300	-5.1

表3-6 样品测定及回收率实验（n=5）

样品	含量/(mg/g)	加入量/(mg/g)	测得量/(mg/g)	回收率/%	RSD/%
复方木鸡颗粒	0.62	0.15	0.76±0.03	93.33	1.71
		0.35	0.98±0.05	102.86	1.54
		0.55	1.21±0.12	107.27	1.63

3.3.4 P-CDs对金丝桃苷的荧光传感机理

从IR和XPS结果可知，合成的P-CDs表面含有大量的羟基和羧基，而金丝桃苷含有酚羟基，金丝桃苷的酚羟基与P-CDs表面的羟基和羧基以氢键的形式结合，这样使金丝桃苷和P-CDs通过氢键的作用形成复合结构。CDs既是好的电子受体也是好的电子给体[50]，电子会从受激发的P-CDs转移到金丝桃苷的芳香结构上，发生有效的无辐射能量转移，导致P-CDs荧光猝灭[51]。

3.4 氮掺杂碳量子点用于杨梅素的荧光传感

杨梅素是一种天然的类黄酮化合物，广泛存在于蔬菜、水果、茶叶和草药等植物中。临床研究表明，杨梅素是一种天然的α-葡萄糖苷酶抑制剂和B类GPCR兴奋剂，有望用作2型糖尿病的治疗[86,87]。杨梅素已被证明是一种可用于抑制血小板聚集的生物活性成分[88]。此外，杨梅素还具有抗癌和抗炎作用[89,90]。然而，一些研究表明过量摄入杨梅素可能会导致肺纤维化[91]。因此，建立一种简便、灵敏、快速、准确的方法用于杨梅素质量控制和临床药物检测显得尤为重要。

目前，杨梅素的测定方法主要有薄层色谱法[92]、流动注射化学发光法[93]、气相色谱-质谱法[94]、高效液相色谱-紫外法[95,96]、高效液相色谱-二极管阵列检测法[97,98]、高效液相色谱-质谱法[99]、电化学法[100,101]和毛细管电泳法[102]。虽然这些方法可以有效地用于杨梅素的测定，但或多或少也都存在一定的缺点，如分析时间长、操作复杂、成本高、仪器昂贵等[103]。与这些方法相比，荧光传感法因其响应速度快、操作简便、成本低、无须复杂的预处理和优异的灵敏度而备受关注[104]。

本研究以天冬氨酸和尿素为原料，采用微波法制备了氮掺杂的碳量子点（N-CDs）。合成方法绿色、简单、经济、快速。所合成的 N-CDs 颗粒均匀，分散性好，具有好的水溶性和强的荧光。研究发现，杨梅素可通过内滤效应（IFE）猝灭 N-CDs 的荧光。基于这种猝灭效应，构建了一种测定杨梅素的新型荧光传感器。该传感器成功应用于实际样品红酒和人血清中杨梅素的检测，测定结果令人满意。该传感器具有操作简单、成本低、快速、灵敏度高、选择性好等优点，在杨梅素的检测中显示出巨大的应用潜力。

3.4.1 N-CDs 的制备

试剂来源：杨梅素、阿魏酸、半胱氨酸、组氨酸、苏氨酸、谷氨酸、丙氨酸、色氨酸、甘氨酸、芦丁、大黄酚、绿原酸、大豆苷元和天冬氨酸购自上海 Aladdin 化学有限公司；硫酸奎宁、尿素和乙腈购自上海源叶生物技术有限公司；溴化钾、盐酸、磷酸二钠、氢氧化钠和磷酸二氢钠购自上海金穗生物科技有限公司；$CaCl_2$、$ZnCl_2$、KCl、$AlCl_3$、$PbCl_2$、$NaCl$ 和 $MgCl_2$ 购自上海吉至生化技术有限公司。所有试剂均为分析级，且在使用过程中不做任何处理。实验用水均为超纯水。

N-CDs 的制备：将 1g L-天冬氨酸和 1g 尿素置于 100mL 的烧杯中，加入 10mL 超纯水溶解，将盛有混合溶液的烧杯置于 600W 微波炉中加热 4min，得到深褐色黏稠状固体。将烧杯自然冷却至室温，加入 50mL 超纯水，搅拌溶解得到黄色溶液。将溶液置于 500Da 的透析袋，在烧杯中透析处理 24h，得到纯化后的 N-CDs 水溶液，冷冻干燥即得到 N-CDs 固体粉末。

3.4.2 N-CDs 的表征方法

用 Lambda35 紫外-可见吸收光谱仪（PerkinElmer, USA）和 F-2500 荧光光谱

仪（Hitachi, Japan）对 N-CDs 样品的光学性质进行表征。将 N-CDs 样品的水溶液置于比色皿中，以水做空白，用紫外-可见吸收光谱仪扫描 200～700nm 间的紫外-可见吸收光谱。将 N-CDs 样品的水溶液置于比色管中，在不同的激发波长（200～500nm）下扫描荧光光谱，激发和发射狭缝分别设为 10nm。

用 Tecnai F30 透射电子显微镜（FEI, USA）对 N-CDs 样品的形貌和粒径分布进行表征。将铜网（400 目）放在滤纸上，用 10μL 的移液枪吸取 N-CDs 样品水溶液滴在铜网的碳膜上，在无尘环境中干燥 5～6h，在加速电压为 200kV 下进行测定。

用 Nicolet 8700 型红外光谱仪（Thermo Fisher, USA）对 N-CDs 样品的表面基团进行表征。首先，将 1～2mg 的 N-CDs 样品与 100mg KBr 固体粉末混合后，在玛瑙研钵中研磨至颗粒粒径小于 2μm。然后置于模具中压片，用 29.7MPa 的压力在压力机上压成透明的薄片。最后，在红外光谱仪上扫描，扫描范围为 500～4000cm^{-1}。

用 Escalab 250 X 射线光电子能谱仪（Thermo Fisher, USA）对 N-CDs 样品的元素组成和官能团进行表征。将 N-CDs 样品在 X 射线光电子能谱仪上测定，激发源为单色化的 Al Kα X 射线（功率为 200W，分析时的基础真空为 3×10^{-8}Pa），得到的能谱用 Casa XPS v.2.3.12 软件处理分析。

荧光量子产率的测定：将适量的硫酸奎宁溶于 0.1mol/L 硫酸溶液配制硫酸奎宁参比溶液。分别测定硫酸奎宁和 N-CDs 样品的紫外吸光度，为避免溶液浓度过高产生自猝灭而带来的误差，紫外吸光度均应小于 0.1。再分别测定硫酸奎宁和 N-CDs 样品在激发波长 350nm 下的荧光光谱，在发射波长 370～620nm 范围内，对荧光光谱的峰面积进行积分。按照 $\Phi_S=\Phi_R(Grad_S/Grad_R)(\eta_S/\eta_R)^2$ 计算荧光量子产率，Φ 表示量子产率，S 表示样品，R 表示参比物质，$Grad$ 是荧光峰面积对吸光度的斜率，η 是溶剂的折射率。已知，硫酸奎宁的荧光量子产率是 0.54，水的折射率是 1.33。

3.4.3 N-CDs 的性能研究

图 3-24 是 N-CDs 的 TEM 图和粒径分布图。由图可知，合成的 N-CDs 近似于球形，尺寸均一。粒径范围为 1.5～3.8nm，平均粒径为 2.8nm。

图 3-25 是 N-CDs 样品的红外光谱图，在 3000～3500cm^{-1} 处有宽而强的吸收峰，对应于 O—H 和 N—H 的伸缩振动峰[105]。1718cm^{-1}、1655cm^{-1} 和 1184cm^{-1} 处的峰分别为 C=O 的伸缩振动峰、C=C 的伸缩振动峰和 C—N 的伸缩振动峰[106]。1006cm^{-1} 处的峰为 C—O 的伸缩振动峰，而 1403cm^{-1} 处的峰为 N—H 的弯曲振动峰。

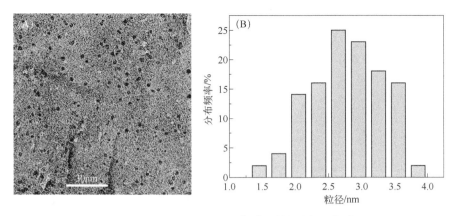

图 3-24 N-CDs 的 TEM 图(A)和粒径分布图(B)

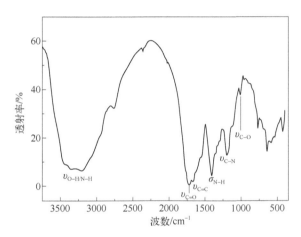

图 3-25 N-CDs 样品的红外光谱图

图 3-26 为 N-CDs 的 XPS 谱图。图 3-26(A) 为 N-CDs 的 XPS 全谱图,在 288.68eV、400.13eV 和 532.08eV 处的峰分别对应于 C 1s、N 1s 和 O 1s,表明 N-CDs 的主要

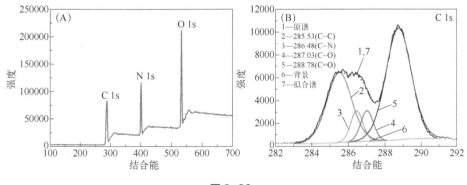

图 3-26

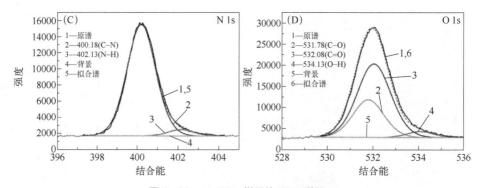

图 3-26 N-CDs 样品的 XPS 谱图

(A) 全谱;(B) C 1s 谱;(C) N 1s 谱;(D) O 1s 谱

成分为 C、O 和 N。图 3-26 (B) 为 N-CDs 的 C 1s 谱图,可以看出 N-CDs 存在 4 种碳键,分别为:C=O (288.78eV),C—O (287.03eV),C—N (286.48eV) 和 C—C (285.53eV)[107,108]。图 3-26 (C) 为 N-CDs 的 N 1s 谱图,N-CDs 存在 2 种氮键,分别为:N—H (402.13eV) 和 C—N (400.18eV)[77]。图 3-26 (D) 为 N-CDs 的 O 1s 谱图,在 534.13eV、532.08eV 和 531.78eV 处分别为 O—H、C=O 和 C—O 的特征峰[107,108]。红外光谱和 XPS 结果表明,合成的 N-CDs 表面存在大量的羟基、羧基和氨基官能团。

图 3-27 (A) 是 N-CDs 的紫外-可见吸收光谱和荧光发射光谱图,从图中可以看出,N-CDs 样品在 295nm 和 350nm 处有两个吸收峰,分别对应于 C=C 的 $\pi \rightarrow \pi^*$ 跃迁和 C=O 基团中 $n \rightarrow \pi^*$ 跃迁[109]。N-CDs 的最佳激发和发射波长分别为 350nm 和 450nm。另外,N-CDs 样品溶液在日光灯下呈透明的浅黄色,在紫外灯的照射下发出亮蓝色的荧光。图 3-27 (B) 为 N-CDs 在不同激发波长下的发射光谱图,从图中可以看出,随着激发波长的增大,N-CDs 的发射峰发生红移,这种激发依赖的发射

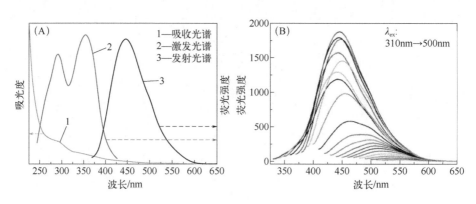

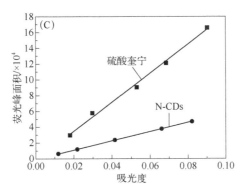

图 3-27 N-CDs 的紫外-可见吸收光谱和荧光光谱（A），在不同激发波长下 N-CDs 的荧光发射光谱（B），N-CDs 样品和硫酸奎宁在不同吸光度下的荧光峰面积（C）

性质与 N-CDs 的表面态和尺寸效应有关[110,111]。此外，用硫酸奎宁作为参比物，测得了 N-CDs 样品的荧光量子产率，图 3-27（C）是硫酸奎宁和 N-CDs 样品在不同吸光度下的荧光峰面积，硫酸奎宁和 N-CDs 样品荧光峰面积对紫外吸光度的斜率分别是 182.87 和 58.04，最终测得 N-CDs 样品的荧光量子产率为 17%。

3.4.4 基于 N-CDs 的荧光传感构建及对杨梅素的测定

为了探究荧光探针的最佳传感条件，提高杨梅素的检测灵敏度，实验考察了 N-CDs（5mg/mL）用量（0.3~2.4mL）、溶液 pH 值（2~12）和反应时间（0~60min）对 F_0/F（F_0 为杨梅素不存在时 N-CDs 溶液的荧光强度，F 为杨梅素存在时 N-CDs 溶液的荧光强度）的影响。考察了 N-CDs 剂量（0.3~2.4mL）对 F_0/F 的影响，如图 3-28（A）所示，随着 N-CDs 用量从 0.3mL 增加到 1.2mL 时，F_0/F 逐渐增大，当 N-CDs 用量超过 1.2mL 时，F_0/F 开始下降。本研究选了 N-CDs 的最佳用量 1.2mL

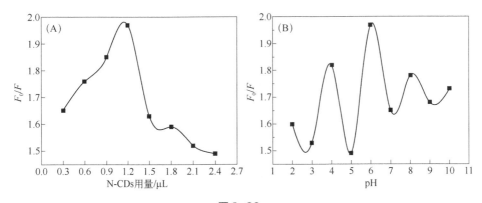

图 3-28

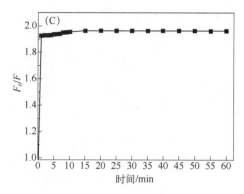

图 3-28 N-CDs 用量（A）、溶液 pH（B）和反应时间（C）对 F_0/F 的影响

进行杨梅素的检测。随后考察了 pH 值（2～12）对 F_0/F 的影响，如图 3-28（B）所示，F_0/F 随着 pH 值的改变而改变，当 pH=6 时，F_0/F 达到最大值，选择 pH=6 作为实验的最优 pH 值。最后考察了 N-CDs 与杨梅素之间的反应时间对 F_0/F 的影响，如图 3-28（C）所示，F_0/F 在 1min 到 15min 的反应时间内逐步上升，15min 后几乎保持不变。故本研究的反应时间选择 15min。

在最佳实验条件下，考察了杨梅素浓度对 N-CDs 荧光强度的影响。在 5mL 的比色管中，依次加入一定量的如下溶液：1.2mL N-CDs（5mg/mL），一定量的杨梅素溶液，并用 0.01mol/L PBS 缓冲溶液（pH=6）稀释定容至 3mL。混匀后室温反应 15min 后，进行荧光测定，激发波长为 350nm，发射波长范围为 370～620nm，激发和发射的狭缝宽度均设定为 10nm。记录加入不同浓度杨梅素溶液后体系的 F_0/F，根据 F_0/F 对杨梅素的浓度作图。图 3-29（A）是加入不同浓度的杨梅素后，N-CDs 的荧光光谱，可以看出，随着杨梅素浓度的增加，N-CDs 的荧光发射峰强度逐渐减弱，发生不同程度的猝灭。图 3-29（B）是 N-CDs 的 F_0/F 与杨梅素浓度的关系图，杨梅素浓度在 1～80μmol/L 范围内与 F_0/F 呈良好的线性关系，线性方程为 $F_0/F=0.0381[C]+1$，决定系数 R^2 为 0.9927，LOD 为 78.2nmol/L（S/N=3）。与其他已报道的杨梅素的检测方法相比较[94,96,97,101,102]，本方法具有好的线性范围和高的灵敏度。

为了探究 N-CDs 在杨梅素检测方面的选择性，研究了相关金属离子（Zn^{2+}、Pb^{2+}、K^+、Na^+、Ca^{2+}、Mg^{2+} 和 Al^{3+}）、氨基酸（半胱氨酸、组氨酸、苏氨酸、谷氨酸、丙氨酸、色氨酸和甘氨酸）和其他共存物质（绿原酸、大黄酚、芦丁、大豆苷元和阿魏酸）对 F_0/F 的影响。如图 3-30 所示，只有杨梅素引起了 N-CDs 荧光强度的明显变化，而其他干扰物质影响较低或可忽略不计，表明 N-CDs 对杨梅素具有好的选择性。

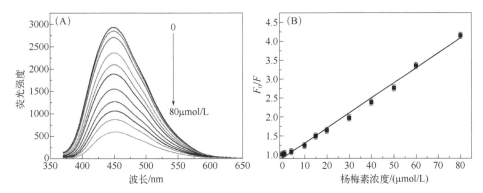

图 3-29 杨梅素浓度对 N-CDs 荧光强度的影响（A），F_0/F 与杨梅素浓度的线性关系图（B）

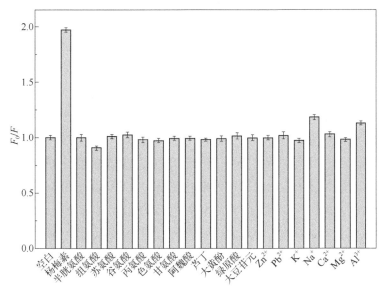

图 3-30 不同干扰物对 F_0/F 的影响

为了检验该方法用于实际样品中杨梅素测定的可行性,采用加标回收法对红酒和血样中杨梅素的含量进行了测定。将红酒样品通过 0.44μm 孔径的滤膜过滤,收集滤液,在 4℃条件下储存,以备进一步分析检测。血样由山西大同大学附属医院提供,使用之前储存于-20℃的冰箱,使用时取出,室温放置 3 小时解冻,离心（8000r/min）10min,使血清与血浆分离,小心移取上面的血清并加入等体积的乙腈,充分震荡摇匀,使蛋白质完全沉淀,离心（10000r/min）20min,取上清液,用氮气吹走上清液中多余的乙腈,放置在 4℃的冰箱中备用。结果如表 3-7 所示,未加标前，红酒中杨梅素的含量为 27.3μmol/L，在血样中没有检测到杨梅素；加标后，杨梅素在红酒和血样中的回收率分别为 97.5%～104.6% 和 97.8%～105%，RSD（n=5）均小于 2.9%，实验结果令人满意。所以，本方法可以用于实际样品中杨梅素含量的测定。

表 3-7 加标回收法测定红酒和血样中杨梅素的含量

样品	测得量/(μmol/L)	加入量/(μmol/L)	总量/(μmol/L)	回收率/%	RSD/%
红酒	27.3	25	51.9	98.4	2.1
		50	79.6	104.6	2.6
		100	124.8	97.5	1.4
血样	0	30	30.1	105	2.9
		60	58.7	97.8	2.2
		90	89.2	99.1	1.7

3.4.5 N-CDs 对杨梅素的荧光传感机理

通过测定杨梅素的紫外-可见吸收光谱，N-CDs 的荧光发射和激发光谱，以及 N-CDs 溶液在加入杨梅素前后荧光寿命的变化，来探究 N-CDs 对杨梅素的荧光传感机理。如图 3-31（A）所示，杨梅素的紫外-可见吸收光谱在 376nm 处有明显的特征吸收峰，与 N-CDs 的激发和发射峰有重叠，这表明猝灭机制可能是由 IFE 或 FRET 引起的[77]。IFE 不涉及荧光寿命的改变，而 FRET 伴随着荧光寿命的改变[78]。图 3-31（B）是添加杨梅素前后 N-CDs 的荧光寿命衰减曲线，添加杨梅素前后 N-CDs 的荧光寿命没有变化，表明杨梅素对 N-CDs 的荧光猝灭是基于 IFE 的猝灭机制。为了进一步证实 IFE 是杨梅素对 N-CDs 荧光的主要猝灭机制，测定了不同浓度杨梅素对 N-CDs 紫外吸收的影响，如图 3-31（C）所示，在 376nm 处的紫外吸收强

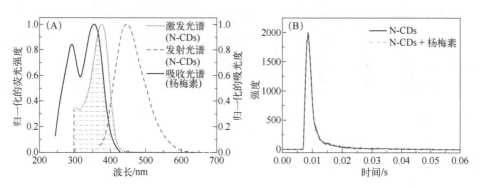

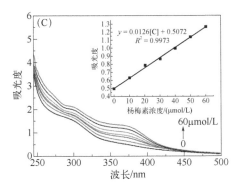

图3-31 杨梅素的紫外-可见吸收光谱与N-CDs的荧光光谱（A），加入杨梅素前后N-CDs的荧光寿命衰减曲线（B），杨梅素浓度对N-CDs紫外吸收强度的影响（C）

度随着杨梅素浓度的增加而逐渐增大，并且这两个参数之间存在良好的线性关系，这进一步表明主要的猝灭机制是IFE[112]。

参考文献

[1] 吴立军. 天然药物化学[M]. 4版. 北京: 人民卫生出版社, 2003: 173-184.

[2] 张培成. 黄酮化学[M]. 北京: 化学工业出版社, 2008: 1-4, 227-243.

[3] Liu L Z, Feng F, Shuang S M, et al. Determination of puerarin in pharmaceutical and biological samples by capillary zone electrophoresis with UV detection[J]. Talanta, 2012, 91: 83-87.

[4] 刘荔贞, 李海红, 冯锋, 等. 磷掺杂碳量子点的制备及其在金丝桃苷检测中的应用[J]. 分析测试学报, 2019, 38(10): 1234-1239.

[5] 李凤林, 李青旺, 高大威, 等. 天然黄酮类化合物含量测定方法研究进展[J]. 江苏调味副食品, 2008 (4): 8-13.

[6] Somerset S M, Johannot L. Dietary flavonoid sources in Australian adults[J]. Nutr Cancer, 2008, 60: 442-448.

[7] Zhang Y, Chen A Y, Li M, et al. Ginkgo biloba extract kaempferol inhibits cell proliferation and induces apoptosis in pancreatic cancer cells[J]. J Surg Res, 2008, 148: 17-23.

[8] Sharam V, Joseph C, Ghosh S, et al. Kaempferol induces apoptosis in glioblastoma cells through oxidative stress[J]. Mol Cancer Ther, 2007, 6: 2544-2553.

[9] Tu Y C, Lian T W, Yen J H, et al. Antiatherogenic effects of kaempferol and rhamnocitrin[J]. J Agric Food Chem, 2007, 55: 9969-9976.

[10] López-Sánchez C, Martín-Romero F J, Sun F, et al. Blood micromolar concentrations of kaempferol afford protection against ischemia/reperfusion-induced damage in rat brain[J]. Brain Res, 2007, 1182: 123-137.

[11] Hamalainen M, Nieminen R, Vuorela P, et al. Association of GST genes polymorphisms with asthma in tunisian children[J]. Mediators Inflamm, 2007, 2007: 1-6.

[12] Trivedi R, Kumar S, Kumar A, et al. Kaempferol has osteogenic effect in ovariectomized adult sprague-dawley rats[J]. Mol Cell Endocrinol, 2008, 289: 85-93.

[13] Vissiennon C, Nieber K, Kelber O, et al. Route of administration determines the anxiolytic activity of the flavonols kaempferol, quercetin and myricetin-are they prodrugs[J]. J Nutr BioChem, 2012, 23: 733-740.

[14] Savova S T, Ribarova F. Free and conjugated myricetin, quercetin, and kaempferol in Bulgarian red wines[J].

J Food Compost Anal, 2002, 15: 639-645.

[15] Zu Y, Li C, Fu Y, et al. Simultaneous determination of catechin, rutin, quercetin, kaempferol and isorhamnetin in the extract of sea buckthorn leaves by RP-HPLC with DAD[J]. J Pharm Biomed Anal, 2006, 41: 714-719.

[16] Sladkovský R, Solich P, Opletal L. Simultaneous determination of quercetin, kaempferol and (*E*)-cinnamic acid in vegetative organs of Schisandra chinensis Baill. by HPLC[J]. J Pharm Biomed Anal, 2001, 24: 1049-1054.

[17] Wang Y, Cao J, Weng J H, et al. Simultaneous determination of quercetin, kaempferol and isorhamnetin accumulated human breast cancer cells by high-performance liquid chromatography[J]. J Pharm Biomed Anal, 2005, 39: 328-333.

[18] Watson D G, Oliveira E J. Solid-phase extraction and gas chromatography-mass spectrometry determination of kaempferol and quercetin in human urine after consumption of Ginkgo biloba tablets[J]. J Chromatogr B, 1999, 723: 203-210.

[19] Bataglion G A, Silva F M. A, Eberlin M N, et al. Simultaneous quantification of phenolic compounds in buriti fruit (*Mauritia flexuosa* L.f.) by ultra-high performance liquid chromatography coupled to tandem mass spectrometry[J]. Food Res Int, 2014, 66: 396-400.

[20] Zhang S, Dong S, Chi L, et al. Simultaneous determination of flavonoids in chrysanthemum by capillary zone electrophoresis with running buffer modifiers[J]. Talanta, 2008, 76: 780-784.

[21] Hua L, Peng Z, Chia L S, et al. Separation of kaempferols in impatiens balsamina flowers by capillary electrophoresis with electrochemical detection[J]. J Chromatogr A, 2001, 909: 297-303.

[22] Dubber M J, Kanfer I. Application of reverse-flow micellar electrokinetic chromatography for the simultaneous determination of flavonols and terpene trilactones in Ginkgo biloba dosage forms[J]. J Chromatogr A, 2006, 1122: 266-274.

[23] Tan X P, Liu S P, Shen Y Z, et al. Yang, Quantum dots (QDs) based fluorescence probe for the sensitive determination of kaempferol[J]. SpectroChim Acta A Mol BioMol Spectrosc, 2014, 133: 66-72.

[24] Hsu P C, Cahng H T. Synthesis of high quality carbon nanodots from hydrophilic compounds: role of functional groups[J]. Chem Commun, 2012, 48: 3984-3986.

[25] Zhai X, Zahng P, Liu C, et al. Highly luminescent carbon nanodots by microwave-assisted pyrolysis[J]. Chem Commun, 2012, 48: 7955-7957.

[26] Paredes J I, Villar-Rodil S, Martínez-Alonso A, et al. Graphene oxide dispersions in organic solvents[J]. Langmuir, 2008, 24: 10560-10564.

[27] Desai N. Challenges in development of nanoparticles-based therapeutics[J]. AAPS J, 2012, 14: 282-295.

[28] Chang Y R, Lee H Y, Chen K, et al. Mass production and dynamic imaging of fluorescent nanodiamonds[J]. Nat Nanotechnol, 2008, 3: 284-288.

[29] Mondal S, Das T, Ghosh P, et al. Exploring the interior of hollow fluorescent carbon nanoparticles[J]. J Phys Chem C, 2013, 117: 4260-4267.

[30] Eda G, Lin Y. Y, Mattevi C, et al. Blue photoluminescence from chemically derived grapheme oxide[J]. Adv Mater, 2010, 22: 05-509.

[31] Liu L Z, Feng F, Hu Q, et al. Capillary electrophoretic study of green fluorescent hollow carbon nanoparticles [J]. Electrophoresis, 2015, 36: 2110-2119.

[32] Sun Y. P, Zhou B, Lin Y, et al. Quantum-sized carbon dots for bright and colorful photoluminescence[J]. J Am Chem Soc, 2006, 128: 7756-7757.

[33] Bhunia S. K, Saha A, Maity A. R, et al. Carbon nanoparticle-based fluorescent bioimaging probes[J]. Sci Rep,

2013, 3(1): 1473.

[34] Felten A, Bittencourt C, Pireaux J. Gold clusters on oxygen plasma functionalized carbon nanotubes: XPS and TEM studies[J]. J Nanotechnol, 2006, 17: 1954-1959.

[35] Yue Z R, Jiang W, Wang L, et al. Surface characterization of electrochemically oxidized carbon fibers[J]. Carbon, 1999, 37: 1785-1796.

[36] Laszlo K, Tombacz E, Josepovits K. Effect of activation on the surface chemistry of carbons from polymer precursors[J]. Carbon, 2001, 39: 1217-1228.

[37] Aguilar-Sánchez R, Áhuatl-García F, Dávila-Jiménez M. M, et al. Chromatographic and electrochemical determination of quercetin and kaempferol in phytopharmaceuticals[J]. J Pharm Biomed Anal, 2005, 38: 239-249.

[38] Zhang Q, Zhang Y, Zhang Z, et al. Sensitive determination of kaempferol in rat plasma by high-performance liquid chromatography with chemiluminescence detection and application to a pharmacokinetic study[J]. J Chromatogr B, 2009, 877: 3595-3600.

[39] Zhang Y, Shuang S M, Dong C, et al. Application of HPLC and MALDI-TOF MS for studying as-synthesised ligand-protected gold nanoclusters products[J]. Anal Chem, 2009, 81: 1676-1685.

[40] Xie S P, Paau M C, Zhang Y, et al. High-performance liquid chromatographic analysis of as-synthesised N,N'-dimethylformamide-stabilised gold nanoclusters product[J]. Nanoscale, 2012, 4: 5325-5332.

[41] Liu H P, Ye T, Mao C D. Fluorescent carbon nanoparticles derived from candle soot[J]. Angew. Chem Int Ed., 2007, 46: 6473-6475.

[42] Zhao Q L, Zhang Z L, Huang B H, et al. Facile preparation of low cytotoxicity carbon nanocrystals by electrooxidation of graphite[J]. Chem Commun, 2008, 46: 5116-5118.

[43] Tang D, Yu Y, Zheng X, et al. Comparative investigation of in vitro biotransformation of 14 components in Ginkgo biloba extract in normal, diabetes and diabetic nephropathy rat intestinal bacteria matrix[J]. J Pharm Biomed Anal, 2014, 100: 1-10.

[44] Olszewska M. Separation of quercetin, sexangularetin, kaempferol and isorhamnetin for simultaneous HPLC determination of flavonoid aglycones in inflorescences, leaves and fruits of three sorbus species[J]. J Pharm Biomed Anal, 2008, 48: 629-635.

[45] Frigerio C, Ribeiro D S M, Rodrigues S S M, et al. Application of quantum dots as analytical tools in automated chemical analysis[J]. Anal Chim Acta, 2012, 735: 9-22.

[46] Esteve-Turrillas F. A, Abad-Fuentes A. Application of quantum dots as probes in immunosensing of small-sized analytes[J]. BioSens Bioelectron, 2013, 41: 12-29.

[47] Zhu Y, Xing G, Chen H, et al. Carbon nanodots sensitized chemiluminescence on peroxomonosulfate-sulfite-hydrochloric acid system and its analytical application[J]. Talanta, 2012, 99: 471-477.

[48] Huang X, Wang J, Liu H, et al. Quantum dot-based FRET for sensitive determination of hydrogen peroxide and glucose using tyramide reaction[J]. Talanta, 2013, 106: 79-84.

[49] Liu M, Xu L, Cheng W, et al. Surface-modified CdS quantum dots as luminescent probes for sulfadiazine determination[J]. SpectroChim Acta A Mol BioMol Spectrosc, 2008, 70: 1198-1202.

[50] Wang Y H, Bao L, Liu Z H, et al. Aptamer biosensor based on fluorescence resonance energy transfer from upconverting phosphors to carbon nanoparticles for thrombin detection in human plasma[J]. Anal Chem, 2011, 83: 8130.

[51] Ahmed G H G, Laíño R B, Calzón J A G, et al. Fluorescent carbon nanodots for sensitive and selective detection of tannic acid in wines[J]. Talanta, 2015, 132: 252-257.

[52] Zhang Z T, Cao X B, Xiong N, et al. Morin exerts neuroprotective actions in Parkinson disease models in vitro and in vivo[J]. Acta Pharmacol Sin, 2010, 31(8): 900-906.

[53] Middleton E, Jr., Kandaswami C, Theoharides T C. The effects of plant flavonoids on mammalian cells: implications for inflammation, heart disease, and cancer[J]. Pharmacol Res, 2000, 52(4): 673-751.

[54] Lee K G, Shibamoto T, Takeoka G R, et al. Inhibitory effects of plant-derived flavonoids and phenolic acids on malonaldehyde formation from ethyl arachidonate[J]. J Agric Food Chem, 2003, 51(24): 7203-7207.

[55] Fang S H, Hou Y C, Chang W C, et al. Morin sulfates/glucuronides exert anti-inflammatory activity on activated macrophages and decreased the incidence of septic shock[J]. Life Sci, 2003, 74(6): 743-756.

[56] Jakhar R, Paul S, Chauhan A K, et al. Morin hydrate augments phagocytosis mechanism and inhibits LPS induced autophagic signaling in murine macrophage[J]. Int Immunopharmacol, 2014, 22(2): 356-365.

[57] Yang G J, Liu P, Qu X L, et al. The simultaneous separation and determination of six flavonoids and troxerutin in rat urine and chicken plasma by reversed-phase high-performance liquid chromatography with ultraviolet-visible detection[J]. J Chromatogr B, 2007, 856(1-2): 222-228.

[58] Fang F, Li J, Pan Q H, et al. Determination of red wine flavonoids by HPLC and effect of aging[J]. Food Chem, 2007, 101: 428-433.

[59] Wang Z, Sun R, Wang Y, et al. Determination of phenolic acids and flavonoids in raw propolis by silica-supported ionic liquid-based matrix solid phase dispersion extraction high performance liquid chromatography-diode array detection[J]. J Chromatogr B, 2014, 969: 205-212.

[60] 张君才. 桑枝中桑色素的双安培法在线测定[J]. 分析测试学报, 2006, (01): 112-114.

[61] Wang Y, Yao G, Tang J, et al. Online coupling of lab-on-valve format to amperometry based on polyvinylpyrrolidone-doped carbon paste electrode and its application to the analysis of morin[J]. J Anal Methods Chem, 2012, 2012: 257109.

[62] Li J Y, Liu Y, Shu Q W, et al. One-pot hydrothermal synthesis of carbon dots with efficient up- and down-converted photoluminescence for the sensitive detection of morin in a dual-readout assay[J]. Langmuir, 2017, 33(4): 1043-1050.

[63] Lin L, Rong M, Lu S, et al. A facile synthesis of highly luminescent nitrogen-doped graphene quantum dots for the detection of 2,4,6-trinitrophenol in aqueous solution[J]. Nanoscale, 2015, 7(5): 1872-1878.

[64] Lin L, Zhang S. Creating high yield water soluble luminescent graphene quantum dots via exfoliating and disintegrating carbon nanotubes and graphite flakes[J]. Chem Commun, 2012, 48(82): 10177-10179.

[65] Hu C, Liu Y, Yang Y, et al. One-step preparation of nitrogen-doped graphene quantum dots from oxidized debris of graphene oxide[J]. J Mater Chem B, 2013, 1(1): 39-42.

[66] Zhu S, Song Y, Zhao X, et al. The photoluminescence mechanism in carbon dots (graphene quantum dots, carbon nanodots, and polymer dots): current state and future perspective[J]. Nano Res, 2015, 8(2): 355-381.

[67] Zhu S, Meng Q, Wang L, et al. Highly photoluminescent carbon dots for multicolor patterning, sensors, and bioimaging[J]. Angew Chem Int Ed, 2013, 52(14): 3953-3957.

[68] Hu Q, Paau M C, Zhang Y, et al. Green synthesis of fluorescent nitrogen/sulfur-doped carbon dots and investigation of their properties by HPLC coupled with mass spectrometry[J]. RSC Adv, 2014, 4(35): 18065-18073.

[69] Xu Q, Liu Y, Gao C, et al. Synthesis, mechanistic investigation, and application of photoluminescent sulfur and nitrogen co-doped carbon dots[J]. J Mater Chem C, 2015, 3(38): 9885-9893.

[70] Chandra S, Patra P, Pathan S. H, et al. Luminescent S-doped carbon dots: an emergent architecture for multimodal applications[J]. J Mater Chem B, 2013, 1(18): 2375-2382.

[71] Liu Y, Zhou Q, Yuan Y, et al. Hydrothermal synthesis of fluorescent carbon dots from sodium citrate and polyacrylamide and their highly selective detection of lead and pyrophosphate[J]. Carbon, 2017, 115: 550-560.

[72] Yan F, Kong D, Luo Y, et al. Carbon dots serve as an effective probe for the quantitative determination and for intracellular imaging of mercury(Ⅱ)[J]. Mikrochim Acta, 2016, 183(5): 1611-1618.

[73] Guo Y, Zhang L, Zhang S, et al. Fluorescent carbon nanoparticles for the fluorescent detection of metal ions[J]. BioSens Bioelectron, 2015, 63: 61-71.

[74] Wang W, Lu Y C, Huang H, et al. Facile synthesis of N, S-codoped fluorescent carbon nanodots for fluorescent resonance energy transfer recognition of methotrexate with high sensitivity and selectivity[J]. BioSens Bioelectron, 2015, 64: 517-522.

[75] Feng J, Chen Y, Han Y, et al. Fluorescent carbon nanoparticles: A low-temperature trypsin-assisted preparation and Fe^{3+} sensing[J]. Anal Chim Acta, 2016, 926: 107-117.

[76] Li G, Fu H, Chen X, et al. Facile and sensitive fluorescence sensing of alkaline phosphatase activity with photoluminescent carbon dots based on inner filter effect[J]. Anal Chem, 2016, 88(5): 2720-2726.

[77] Liu H, Xu C, Bai Y, et al. Interaction between fluorescein isothiocyanate and carbon dots: Inner filter effect and fluorescence resonance energy transfer[J]. SpectroChim Acta A Mol BioMol Spectrosc, 2017, 171: 311-316.

[78] Fan Y Z, Zhang Y, Li N, et al. A facile synthesis of water-soluble carbon dots as a label-free fluorescent probe for rapid, selective and sensitive detection of picric acid[J]. Sens Actuators B Chem, 2017, 240: 949-955.

[79] 杨诗婷, 王晓倩, 廖广辉. 金丝桃苷的药理作用机制研究进展[J]. 中国现代应用药学, 2018, 35(6): 947-951.

[80] Yao X H, Zhang D Y, Duan M H, et al. Preparation and determination of phenolic compounds from Pyrola incarnata Fisch. with a green polyols based-deep eutectic solvent[J]. Sep Sci Technol, 2015, 149: 116-123.

[81] Zhou X J, Chen J, Li Y D, et al. Holistic analysis of seven active ingredients by micellar electrokinetic chromatography from three medicinal herbs composing Shuanghuanglian[J]. J Chromatogr Sci, 2015, 53(10): 1786-1793.

[82] Kang J, Li X, Geng J, et al. Determination of hyperin in seed of Cuscuta chinensis Lam. by enhanced chemiluminescence of CdTe quantum dots on calcein/$K_3Fe(CN)_6$ system[J]. Food Chem, 2012, 134(4): 2383-2388.

[83] Zhu Q G, Sujari A N A, Ab Ghani S. Electrophoretic deposited MWCNT composite graphite pencils and its uses to determine hyperin[J]. J Solid State Electrochem, 2012, 16(10): 3179-3187.

[84] Geng C H, Lin M, Wang W Y, et al. Determination of active ingredients in hawthorn and hawthorn piece by capillary electrophoresis with electrochemical detection[J]. J Anal Chem, 2008, 63(1): 75-81.

[85] Liu Y, Li W, Ling X, et al. Simultaneous determination of the active ingredients in abelmoschus manihot (L.) medicus by CZE[J]. Chromatographia, 2008, 67(9): 819-823.

[86] Li Y, Zheng X, Yi X, et al. Myricetin: a potent approach for the treatment of type 2 diabetes as a natural class B GPCR agonist[J]. FASEB J, 2017, 31(6): 2603-2611.

[87] Kang S J, Park J H Y, Choi H N, et al. α-glucosidase inhibitory activities of myricetin in animal models of diabetes mellitus[J]. Food Sci Biotechnol, 2015, 24(5): 1897-1900.

[88] Survay N S, Upadhyaya C P, Kumar B, et al. New genera of flavonols and flavonol derivatives as therapeutic molecules[J]. J Appl Biol Chem, 2011, 54(1): 1-18.

[89] Feng J, Chen X, Wang Y, et al. Myricetin inhibits proliferation and induces apoptosis and cell cycle arrest in

gastric cancer cells[J]. Mol Cell BioChem, 2015, 408(1): 163-170.

[90] Tan J, Chen X, Kang B, et al. Myricetin protects against lipopolysaccharide-induced disseminated intravascular coagulation by anti-inflammatory and anticoagulation effect[J]. Asian Pac J Trop Biomed, 2018, 11: 255-259.

[91] Munir S, Park S Y. Liquid crystal-Based DNA biosensor for myricetin detection[J]. Sens Actuators B Chem, 2016, 233: 559-565.

[92] Kranjc E, Albreht A, Vovk I, et al. Non-targeted chromatographic analyses of cuticular wax flavonoids from Physalis alkekengi L[J]. J Chromatogr A, 2016, 1437: 95-106.

[93] Yang D, Li H, Li Z, et al. Determination of rutin by flow injection chemiluminescence method using the reaction of luminol and potassium hexacyanoferrate(Ⅲ) with the aid of response surface methodology[J]. Luminescence, 2010, 25(6): 436-444.

[94] Wang C, Zuo Y. Ultrasound-assisted hydrolysis and gas chromatography–mass spectrometric determination of phenolic compounds in cranberry products[J]. Food Chem, 2011, 128(2): 562-568.

[95] Kumar A, Malik A K, Tewary D K. A new method for determination of myricetin and quercetin using solid phase microextraction–high performance liquid chromatography–ultra violet/visible system in grapes, vegetables and red wine samples[J]. Anal Chim Acta, 2009, 631(2): 177-181.

[96] Bi W, Tian M, Row K H. Evaluation of alcohol-based deep eutectic solvent in extraction and determination of flavonoids with response surface methodology optimization[J]. J Chromatogr A, 2013, 1285: 22-30.

[97] Siebert D A, Bastos J, Spudeit D A, et al. Determination of phenolic profile by HPLC-ESI-MS/MS and anti-inflammatory activity of crude hydroalcoholic extract and ethyl acetate fraction from leaves of Eugenia brasiliensis[J]. Rev Bras Farmacogn, 2017, 27(4): 459-465.

[98] Corell L, Armenta S, Esteve-Turrillas F A, et al. Flavonoid determination in onion, chili and leek by hard cap espresso extraction and liquid chromatography with diode array detection[J]. MicroChem J, 2018, 140: 74-79.

[99] Sun Z, Zhao L, Zuo L, et al. A UHPLC-MS/MS method for simultaneous determination of six flavonoids, gallic acid and 5,8-dihydroxy-1,4-naphthoquinone in rat plasma and its application to a pharmacokinetic study of cortex juglandis mandshuricae extract[J]. J Chromatogr B, 2014, 958: 55-62.

[100] Ran X, Yang L, Zhang J, et al. Highly sensitive electrochemical sensor based on β-cyclodextrin-gold@ 3,4,9,10-perylene tetracarboxylic acid functionalized single-walled carbon nanohorns for simultaneous determination of myricetin and rutin[J]. Anal Chim Acta, 2015, 892: 85-94.

[101] Xing R, Tong L, Zhao X, et al. Rapid and sensitive electrochemical detection of myricetin based on polyoxometalates/SnO_2/gold nanoparticles ternary nanocomposite film electrode[J]. Sens Actuators B Chem, 2019, 283: 35-41.

[102] Şanli S, Lunte C E J A M. Determination of eleven flavonoids in chamomile and linden extracts by capillary electrophoresis[J]. Anal Methods, 2014, 6: 3858-3864.

[103] Qian S, Qiao L N, Xu W, et al. An inner filter effect-based near-infrared probe for the ultrasensitive detection of tetracyclines and quinolones[J]. Talanta, 2019, 194: 598-603.

[104] Mohapatra S, Sahu S, Sinha N, et al. Synthesis of a carbon-dot-based photoluminescent probe for selective and ultrasensitive detection of Hg^{2+} in water and living cells[J]. Analyst, 2014, 140: 1221-1228.

[105] Zhao D, Chen C, Sun J, et al. Carbon dots-assisted colorimetric and fluorometric dual-mode protocol for acetylcholinesterase activity and inhibitors screening based on the inner filter effect of silver nanoparticles[J]. Analyst, 2016, 141(11): 3280-3288.

[106] Lu W, Gong X, Yang Z, et al. High-quality water-soluble luminescent carbon dots for multicolor patterning, sensors, and bioimaging[J]. RSC Adv, 2015, 5(22): 16972-16979.

[107] Yang J, Wu H, Yang P, et al. A high performance N-doped carbon quantum dots/5,5′-dithiobis-(2-nitrobenzoic acid) fluorescent sensor for biothiols detection[J]. Sens Actuators B Chem, 2018, 255: 3179-3186.

[108] Guo L, Li L, Liu M, et al. Bottom-up preparation of nitrogen doped carbon quantum dots with green emission under microwave-assisted hydrothermal treatment and their biological imaging[J]. Mater Sci Eng C, 2018, 84: 60-66.

[109] Nebu J, Anu K S, Anjali Devi J S, et al. Pottasium triiodide enhanced turn-off sensing of tyrosine in carbon dot platform[J]. MicroChem J, 2019, 146: 12-19.

[110] Yang H, Liu Y, Guo Z, et al. Hydrophobic carbon dots with blue dispersed emission and red aggregation-induced emission[J]. Nat Commun, 2019, 10(1): 1789.

[111] Jin X, Sun X, Chen G, et al. pH-sensitive carbon dots for the visualization of regulation of intracellular pH inside living pathogenic fungal cells[J]. Carbon, 2015, 81: 388-395.

[112] Zhang Z, Liu Y, Yan Z, et al. Simultaneous determination of temperature and erlotinib by novel carbon-based sensitive nanoparticles[J]. Sens Actuators B Chem, 2018, 255: 986-994.

第4章

人工合成色素的碳量子点荧光传感

食用色素又称为着色剂，是一种以食品着色为目的的食品添加剂，可以分为天然色素和人工合成色素。现代食品行业普遍使用食用色素来改善食品色泽，赋予食品更吸引人的外观。近年来，天然食用色素因其安全性高、无副作用而越来越受到消费者的欢迎[1]。但大多数天然食用色素提取成本高，稳定性差，易受光、热和其他化学物质的影响[2]。相反，人工合成色素具有价格低廉、色彩丰富、着色力强、不易褪色等优点，在食品加工领域得到广泛应用。然而，过量摄入人工合成色素会对人体健康造成危害[3]。因此，应严格控制食品中人工合成色素的种类和数量。

食品中合成色素的检测方法主要有电化学法[4]、高效液相色谱法[5,6]、紫外-可见吸收光谱法[7]、荧光光谱法[8]等。电化学法具有灵敏度高、响应时间短和方法简便等优点，但由于选择性差限制了其在色素检测中的应用。高效液相色谱法检出限低、特异性强，适用于复杂基质样品中痕量合成色素的定性和定量检测，但样品的预处理（提取、净化、分离、浓缩等）繁琐，操作过程复杂，加之仪器价格昂贵，使其无法做到现场便捷快速分析检测实际样品。紫外-可见吸收光谱法操作简单，分析快速，紫外光谱谱带范围较窄，定量分析重复测定性好，但食品中多种色素添加，会出现多种色素吸收峰发生重叠，产生较大干扰。荧光光谱法具有高的灵敏度，一般比紫外检测法灵敏度高2~3个数量级。此外，其选择性好、样品用量少、操作简单、分析速度快等特点使其在食品安全检测中发挥着越来越重要的作用。近几年来，新兴的碳量子点（CDs）荧光检测技术，以其材料制备简单、生物相容性好、分析快速、灵敏度高、选择性好等优点在色素检测中发挥着举足轻重的作用。

4.1 氮、磷共掺杂碳量子点用于新胭脂红的荧光传感

新胭脂红是一种常用的食品合成色素,属于强酸性染料,具有严重的致癌和致突变特性[9],过量食用会给健康带来危害。美国、加拿大、丹麦、挪威等国家禁止在任何食品中添加新胭脂红[10]。在许多国家,它被允许作为添加剂,但在某些食品(如饮料、糖果和泡菜)中有严格的使用标准[11]。在中国,食品工业中新胭脂红的使用仅限于果酱、饮料、糖果、蛋糕、蜜饯和罐头,这些食品中新胭脂红的最大允许添加量为 0.05～0.5g/kg(GB 2760—2014)。根据联合国粮食及农业组织(FAO)、世界卫生组织(WHO)和食品添加剂联合专家委员会(JECFA,2019)的规定,人类每日可摄入新胭脂红的量为 0～4mg/kg。然而,仍有许多关于食品中过量添加新胭脂红的报道[10,12,13]。为了确保消费者的健康,建立一种简单、快速、灵敏、准确的方法用来有效检测食品中新胭脂红的含量至关重要。

目前,毛细管电泳法(CE)[14]、高效液相色谱-质谱法(HPLC-MS)[15]、高效液相色谱-紫外法(HPLC-UV)[16,17]、高效离子色谱法(HPIC)[18]和表面增强拉曼散射光谱法(SERS)[1,11]已用于新胭脂红的检测。然而,这些方法大多成本高、耗时长、样品预处理复杂、操作繁琐。因此,越来越多的研究者致力于开发经济、快速、灵敏、简便的新胭脂红检测技术。荧光技术因其经济性、超高的灵敏度、高的准确性、操作简单和响应快速而被广泛应用于生化分析[19]。对于新胭脂红的检测,荧光法展示出比其他方法更大的分析潜力。

本研究建立了一种基于 N,P-CDs 的新型荧光纳米传感器,用于新胭脂红的超灵敏检测。以柠檬酸为碳源,磷酸为磷源,乙二胺为氮源,一锅水热法制备了 N,P-CDs。合成的 N,P-CDs 具有良好的水溶性和强的荧光发射强度。荧光量子产率高达 43.2%。所合成的 N,P-CDs 可作为荧光纳米传感器用于新胭脂红的检测,具有良好的选择性、超高的灵敏度和抗干扰性,线性范围宽(0.2～100μmol/L 和 100～200μmol/L),检出限低(9.4nmol/L)。新胭脂红通过 IFE 猝灭机理可以有效猝灭 N,P-CDs 的荧光。所研制的基于 N,P-CDs 的荧光纳米传感器已成功应用于实际食品样品中新胭脂红的检测,结果令人满意。回收率为 97.5%～104%,相对标准偏差 RSD≤4.3%。该荧光传感器还具有制备简单、无须标记、无须复杂的前处理、检测条件温和、环境友好、稳定性好、成本低、响应快、灵敏度高、操作简单、选择性好、结果可靠等优点,在食品安全、食品管理等领域具有广阔的应用前景。

4.1.1 N,P-CDs 的制备与表征

试剂来源：乙二胺、硫酸奎宁、柠檬酸、磷酸（85%）和新胭脂红购自上海麦克林生化有限公司；偏磷酸钠、苯甲酸钠、β-环糊精、维生素 B_1、维生素 C、蔗糖、葡萄糖、乳糖、甲醇和乙酸铵均购自天津致远化学试剂有限公司；KBr、NaH_2PO_4、NaOH、Na_2HPO_4、HCl、$FeCl_3$、$ZnCl_2$、$MgCl_2$、$AlCl_3$、KCl、$BaCl_2$、$CaCl_2$ 和 NaCl 购自天津化工三厂股份有限公司。实验所有试剂都为分析纯，且在使用过程中不做任何处理。实验用水均为超纯水。

N,P-CDs 的制备：将 0.3g 柠檬酸，5mL 乙二胺和 2.5mL 磷酸溶于 10mL 去离子水中，然后将其放入 25mL 聚四氟乙烯容器中，再将聚四氟乙烯容器密封在不锈钢高压釜中，在 180℃ 下加热 8h，待冷却后取出釜内溶液。然后用 500Da 透析袋对获得的 N,P-CDs 溶液透析 48h，以除去未反应的原料，每间隔 6h 换一次透析所用的超纯水。最后，将透析的 N,P-CDs 水溶液冷冻干燥得到 N,P-CDs 固体粉末。

表征方法：用 Lambda35 紫外-可见吸收光谱仪（PerkinElmer, USA）和 F-2500 荧光光谱仪（Hitachi, Japan）对 N,P-CDs 样品的光学性质进行表征。用 Tecnai F30 透射电子显微镜(FEI,USA)对 N,P-CDs 样品的形貌和粒径分布进行表征。用 Nicolet 8700 型红外光谱仪（Thermo Fisher, USA）对 N,P-CDs 样品的表面基团进行表征。用 Escalab 250 X 射线光电子能谱仪（Thermo Fisher, USA）对 N,P-CDs 样品的元素组成和官能团进行表征。

荧光量子产率的测定（参比法）：将适量的硫酸奎宁溶于 0.1mol/L 硫酸溶液配制硫酸奎宁参比溶液。分别测定硫酸奎宁和 N,P-CDs 样品的吸光度，为避免溶液浓度过高产生自猝灭而带来的误差，吸光度应均小于 0.1。再分别测定硫酸奎宁和 N,P-CDs 样品在激发波长 360nm 下的荧光光谱，在发射波长 380~700nm 范围内，对荧光光谱的峰面积进行积分。按照 $\Phi_S=\Phi_R(Grad_S/Grad_R)(\eta_S/\eta_R)^2$ 计算荧光量子产率，其中 Φ 表示量子产率，S 表示样品，R 表示参比物质，$Grad$ 是荧光峰面积对紫外吸光度的斜率，η 是溶剂的折射率。已知，硫酸奎宁的荧光量子产率是 0.54，水的折射率是 1.33。

4.1.2 N,P-CDs 的性能研究

图 4-1 是 N,P-CDs 的 TEM 图和粒径分布图。由图 4-1(A)可知，合成的 N,P-CDs 近似于球形，分散性好，粒径范围为 1.9~4.4nm，平均粒径为 3.1nm[图 4-1（B）]。

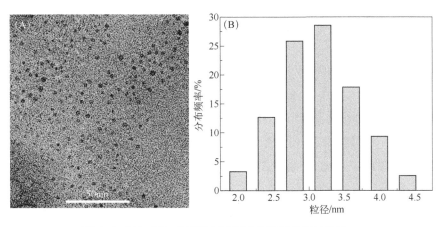

图 4-1 N,P-CDs 的 TEM 图（A）和粒径分布图（B）

图 4-2 是 N,P-CDs 样品的红外光谱图，3310cm^{-1} 和 2858cm^{-1} 处的峰分别为 O—H 和 C—H 伸缩振动。1660cm^{-1}、1569cm^{-1}、1477cm^{-1} 和 1203cm^{-1} 峰分别为 C=O、C=C、C—N 和 C—O 基团的伸缩振动。1439cm^{-1} 处的峰是磷酸盐中 P—O—H 弯曲振动，表明 N,P-CDs 表面存在磷酸盐基团。1141cm^{-1}、1078cm^{-1}、1026cm^{-1}、961cm^{-1} 和 899cm^{-1} 处的几个峰分别为 P—O、P=O、P—O—C、P—O—H 和 P—N 基团的伸缩振动[20]。549cm^{-1} 处的峰为 N—H 伸缩振动[21]。

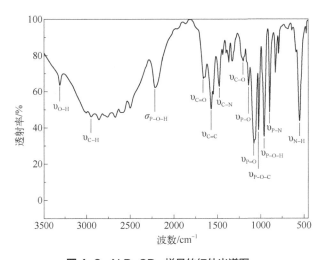

图 4-2 N,P-CDs 样品的红外光谱图

图 4-3 为 N,P-CDs 样品的 XPS 谱图。图 4-3（A）为 N,P-CDs 的 XPS 全谱图，在 530eV、399eV、285eV 和 132eV 处的峰分别对应于 O 1s、N 1s、C 1s 和 P 2p，C、N、O 和 P 的原子含量分别为 57.8%、18.8%、21.1% 和 2.3%。结果表明，N、P

对合成的 CDs 有很好的掺杂效果。图 4-3（B）为 N,P-CDs 的 C 1s 谱图，可以看出 N,P-CDs 存在 4 种碳键，分别为：C—C（283.5eV）、C=C（283.9eV）、C—O/C—N/C—P（285.1eV）和 C=O（286.8eV）[22,23]。图 4-3（C）为 N,P-CDs 的 N 1s 谱图，N,P-CDs 存在 3 种氮键，分别为：C—N（398.4eV）、N—H（398.9eV）和 N—P（400.3eV）。图 4-3（D）为 N,P-CDs 的 O 1s 谱图，存在 3 种氧键，分别为：C=O（529.4eV）、O—H（530.5eV）和 P=O（530.1eV）。图 4-3（E）为 N,P-CDs 的 P 2p 谱图，存在 3 种磷键，分别为：P—N/C—P（131.3eV）、P—O（133.1eV）和 C=P（132.0eV）。红外

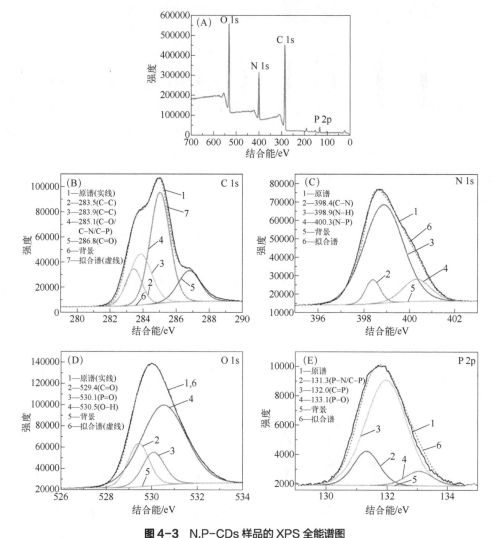

图 4-3　N,P-CDs 样品的 XPS 全能谱图
（A）全谱；（B）C 1s 谱；（C）N 1s 谱；（D）O 1s 谱；（E）P 2p 谱

光谱和 XPS 表征结果一致，表明 N,P-CDs 表面存在大量的含氧基团。N、P 的掺杂使 N,P-CDs 具有强的荧光发射。丰富的含氧基团保证了合成的 N,P-CDs 具有良好的水溶性，有利于在水相中对样品进行分析检测。

图 4-4（A）是 N,P-CDs 的紫外-可见吸收光谱和荧光发射光谱图。如图所示，N,P-CDs 在 245nm 和 350nm 处有两个吸收带分别归因于 C=C 和 C=N/C=O 键的 $\pi \rightarrow \pi^*$ 和 $n \rightarrow \pi^*$ 电子跃迁[24]。最大激发波长为 360nm 时，N,P-CDs 在 448nm 处有最大的荧光发射。N,P-CDs 的水溶液在紫外灯下呈亮蓝色（365nm），在阳光下呈淡黄色。N,P-CDs 在不同的激发波长下表现出与激发有关的发射特性。如图 4-4（B）所示，当激发波长从 300nm 增加到 450nm 时，N,P-CDs 的发射波长从 444nm 红移到 503nm。N,P-CDs 表面引入不同的官能团和样品中存在不同尺寸的颗粒是导致发射波长红移的主要原因[25]。以硫酸奎宁为参照物，合成的 N,P-CDs 在激发波长为 360nm 处具有较高的荧光量子产率，经计算为 43.2%[图 4-4（C）]。

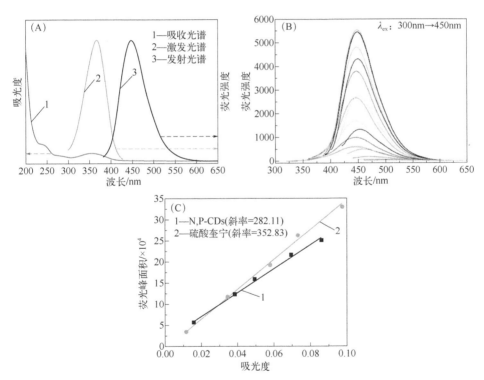

图 4-4 N,P-CDs 样品的紫外-可见吸收光谱和荧光光谱（A），不同激发波长下 N,P-CDs 的荧光发射光谱（B），N,P-CDs 样品和硫酸奎宁在不同吸光度下的荧光峰面积（C）

4.1.3 基于 N,P-CDs 的荧光传感构建及对新胭脂红的测定

为了探究荧光探针的最佳传感条件，提高新胭脂红的检测灵敏度，考察了 N,P-CDs（10mg/mL）不同剂量（0.15~0.40mL）、PBS 缓冲溶液 pH（2~12）和反应时间（0~60min）对荧光猝灭率（F_0/F，F_0 为新胭脂红不存在时 N,P-CDs 溶液的荧光强度，F 为新胭脂红存在时 N,P-CDs 溶液的荧光强度）的影响。首先，研究了 N,P-CDs 的用量（0.15~0.40mL）对 F_0/F 的影响。如图 4-5（A）所示，随着 N,P-CDs 用量从 0.15mL 增加到 0.25mL，F_0/F 急剧增加，当 N,P-CDs 用量大于 0.25mL 时，F_0/F 逐渐减少。选择 0.25mL N,P-CDs（10mg/mL）用于后续分析研究。其次，研究了体系 pH 值对 F_0/F 的影响。如图 4-5（B）所示，传感器系统对 pH 值非常敏感，F_0/F 随着 pH 值的变化而变化，在 pH 值为 6 时达到最大值。选择 pH=6 作为新胭脂红检测的最佳 pH 条件。最后，研究了 N,P-CDs 和新胭脂红的反应时间对 F_0/F 的影响。如图 4-5（C）所示，随着反应时间从 0 增加到 15min，F_0/F 逐渐增大，随着反应时间的继续延长，F_0/F 基本趋于恒定。故选择 N,P-CDs 和新胭脂红的最佳

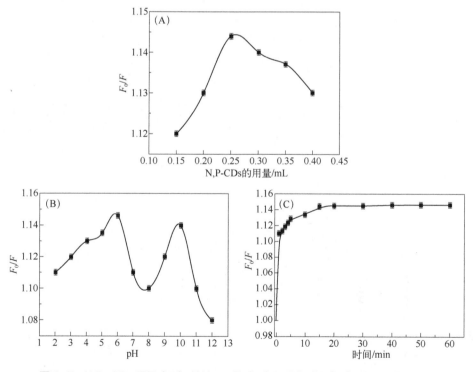

图 4-5　N,P-CDs 用量（A）、溶液 pH 值（B）和反应时间（C）对 F_0/F 的影响

反应时间为 15min。综上所述，新胭脂红检测的最佳实验条件为 0.25mL N,P-CDs 溶液（10mg/mL），pH 值为 6，反应时间为 15min。

在优化实验条件下，检测了不同浓度的新胭脂红对 N,P-CDs 溶液荧光强度的影响。在 5mL 的比色皿中，依次加入一定量的如下溶液：0.25mL N,P-CDs（10mg/mL），一定量的新胭脂红溶液，并用 0.01mol/L PBS 缓冲溶液（pH=6）稀释定容至 3mL。混匀后室温反应 15min 后，进行荧光测定。激发波长为 360nm，发射波长范围为 380～700nm，激发和发射的狭缝宽度均设定为 5nm。记录加入不同浓度新胭脂红溶液后体系的荧光强度，并计算新胭脂红对 N,P-CDs 的 F_0/F，最后将 F_0/F 对新胭脂红的浓度作图。如图 4-6（A）所示，随着新胭脂红浓度从 0 增加到 200μmol/L，N,P-CDs 的荧光强度逐渐下降，表明该传感体系对新胭脂红有高的灵敏度。图 4-6（B）和（C）是 F_0/F 值与新胭脂红浓度之间的关系图，用来研究该传感平台对新胭脂红检测的线性。从图 4-6（B）和（C）中可以看出，当新胭脂红浓度在 0.2～100μmol/L 和 100～200μmol/L 范围内时，F_0/F 值和新胭脂红浓度之间呈现两条好

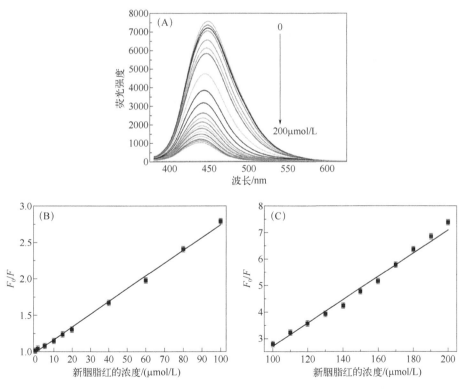

图 4-6　添加不同浓度的新胭脂红后 N,P-CDs 的荧光发射光谱（A），N,P-CDs 荧光猝灭率（F_0/F）与新胭脂红浓度的线性关系（B，C）

的线性关系，其线性回归方程分别为：$F_0/F=0.0173[C]+1$（$R^2=0.9959$）和 $F_0/F=0.0459[C]-1.957$（$R^2=0.9911$），其中[C]代表新胭脂红的浓度。根据表达式 $3s/k$（s 为 10 次空白测量的标准偏差，k 为标准曲线的斜率）计算 LOD 为 9.4nmol/L，表明 N,P-CDs 可用于新胭脂红的定量测定。

为了探究 N,P-CDs 对新胭脂红检测的选择性，考察了常见的干扰物质（Ba^{2+}、K^+、Na^+、Ca^{2+}、Mg^{2+}、Al^{3+}、Zn^{2+}、Fe^{3+}、乳糖、葡萄糖、蔗糖、维生素 C、维生素 B_1、苯甲酸钠、偏磷酸钠和 β-环糊精）对 F_0/F 的影响。如图 4-7 所示，除新胭脂红以外，其他干扰物质对 N,P-CDs 均未表现出明显的荧光猝灭，表明 N,P-CDs 对新胭脂红具有好的选择性。

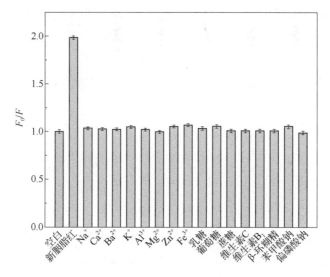

图 4-7 不同干扰物对 F_0/F 的影响

基于 N,P-CDs 的荧光纳米传感器用于检测饮料样品、糖果、果酱和辣椒样品中的新胭脂红。该荧光传感器具有良好的选择性和高灵敏度，可以通过简单的样品预处理直接分析检测复杂的食品样品。饮料样品用超声处理 30min 以去除 CO_2，然后用 0.45μm 微孔过滤器过滤，收集的滤液在 4℃冰箱中保存备用。对于糖果样品，首先将糖果样品碾碎，准确称取 5g 碎糖果样品并溶解在 10mL 温水中。糖果样品溶液用 0.45μm 微孔过滤器过滤，收集的滤液保存在 4℃冰箱中供进一步分析。对于果酱样品，将 3g 果酱溶于 10mL 甲醇-水（1∶1，体积比），超声提取 10min，然后离心（6000r/min）10min，取上层清液并用 0.45μm 微孔过滤器过滤，收集的滤液保存在 4℃冰箱中供进一步分析检测。对于辣椒粉样品，准确称取 1g 辣椒粉并溶解在 10mL 甲醇中，然后离心（8000r/min）6min，用 0.45μm 微孔过滤器过滤上清液，收集的滤液保存在 4℃冰箱中供进一步分析检测。分析结果如表 4-1 所示，回收率在 97.5%～104%之间，RSD 为 1.2%～4.3%（n=5）。同时，采用 HPLC 法检测新胭脂红。表 4-1 列出了食品样品中新胭脂红的 HPLC 测定结果，回收率为 97.8%～103%，RSD 为 0.8%～3.6%（n=5）。两种方法得到的结果基本一致。然而，与传统的 HPLC 方法相比，基于 N,P-CDs 的荧光纳米传感器更经济、简单、快速。因而可以得出结论，基于 N,P-CDs 的传感器具有良好的准确性、重现性、实用性和可靠性，可以用于食品中新胭脂红的检测。

表 4-1 食品中新胭脂红的测定结果

样品	原含量/(μmol/L)	加入量/(μmol/L)	总量/(μmol/L)		(回收率±RSD)/%	
			本方法	HPLC	本方法	HPLC
饮料 A	3.3	10	13.6	13.1	103±2.5	98.0±2.5
		20	22.9	23.2	98.0±1.9	99.5±0.8
		30	34.6	33.9	104±3.2	102±3.2
糖果	16.8	10	26.9	27.1	101±2.4	103±1.9
		20	36.5	37.2	98.5±1.7	102±2.3
		30	46.6	46.4	99.3±1.2	98.7±1.1
果酱	3.4	10	13.8	13.3	104±4.3	99.0±1.3
		20	22.9	23.8	97.5±1.5	102±1.7
		30	33.1	34.3	99.0±3.3	103±3.6
辣椒粉	0	10	10.3	9.78	103±4.1	97.8±2.1
		20	20.4	20.2	102±3.4	101±1.5
		30	29.6	29.8	98.7±1.7	99.3±2.3

4.1.4 N,P-CDs 对新胭脂红的荧光传感机理

可通过测定新胭脂红的紫外-可见吸收光谱，N,P-CDs 的荧光发射光谱和激发光谱，以及 N,P-CDs 溶液在加入新胭脂红前后荧光寿命的变化，来探究 N,P-CDs 对新胭脂红的荧光传感机理。图 4-8（A）为新胭脂红的紫外-可见吸收光谱和 N,P-CDs 的荧光光谱图。N,P-CDs 的荧光激发和发射光谱与新胭脂红的紫外吸收峰有明显重叠，IFE 或 FRET 被认为是主要的荧光猝灭机制[26]。通常，FRET 伴随着供体荧光寿命的缩短，而 IFE 不涉及供体荧光寿命的变化[27]。对于 FRET，振动碰撞会导致无辐射能量转移，距离被限制在 10nm，这缩短了供体的荧光寿命[28]。IFE 是溶液中激发光对发射辐射的衰减或吸收[29]，因此，IFE 不会改变供体的荧光寿命。

为了进一步阐明荧光猝灭机制，研究了 N,P-CDs 在添加和不添加新胭脂红时的荧光寿命。如图 4-8（B）所示，在添加新胭脂红之前和之后，N,P-CDs 的荧光寿命分别为 12.35ns 和 12.36ns，这表明 IFE 是主要的猝灭机制。

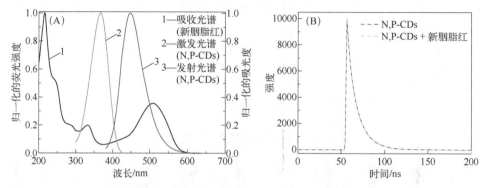

图 4-8　新胭脂红的紫外-可见吸收光谱与 N,P-CDs 的荧光光谱（A），加入新胭脂红前后 N,P-CDs 的荧光寿命衰减曲线（B）

4.2　黄色和蓝色双波长发射碳量子点用于苋菜红的荧光传感

近年来，偶氮染料以其良好的着色能力在食品工业中发挥了关键作用[30]。其中苋菜红（amaranth，AMA）因其低成本和高稳定性的特性被广泛用作饮料、糖浆和糖果等食品的添加剂[31,32]。虽然它可以美化食物的外观，增加其吸引力，但过度食用会对人体健康造成伤害，如细胞抑制作用、细胞毒性、高遗传毒性等[33,34]。因此，测定食物中 AMA 的含量具有重要意义。目前已经报道了多种方法用于 AMA 的检测，如电化学法[35]、分光光度法[36]、薄层色谱法[37]、毛细管电泳法[14]。这些方法对 AMA 的检测具有高的灵敏度，但样品预处理时间长、仪器昂贵、操作复杂。荧光法具有操作简单、响应时间快、灵敏度高、成本低等优点，是一种很好的痕量分析法[19]。

CDs 是一种尺寸小于 10nm 的材料，自 2004 年发现以来一直受到各领域研究人员的关注[38]。它具有好的水溶性、良好的光稳定性、强的荧光、低的细胞毒性和优良的生物相容性等优点[39,40]。这些优异的性能，使 CDs 成为传统半导体量子点和有机染料的潜在替代品，并在荧光传感器中发挥着重要作用[41]。Liu 课题组[42]构建了一种通过 CDs 检测苋菜红的方法。根据 CDs 的荧光猝灭，可以在 0.2～30μmol/L 浓度范围内实现苋菜红的定量分析。Xiang 等人[43]以蛋氨酸和邻苯二胺为原料合成了 N,S-CDs，通过 IFE 实现了对饮料和草莓酱中苋菜红含量的检测。这些传感器对苋菜红虽然具有良好的检测性能，但其响应信号容易受到周围环境的干扰[44,45]。单激发波长下具有双发射波长的比率型荧光传感器可以很好地解决这一问题。比率型传感器固有的自校准功能可以大大提高检测精度，避免外部环境、光源波动等因素的影响，这些优点使其在实际样品检测中更具竞争力[46,47]。

本研究以对氨基苯磺酸和间苯二酚为原料，合成了黄色和蓝色双波长发射碳量子点（Y/B-CDs）。Y/B-CDs 具有良好的水溶性和较强的荧光发射。如图 4-9 所示，当激发波长为 362nm 时，在 416nm 和 544nm 处有两个较好的发射峰。苋菜红的加入可以不同程度地猝灭 Y/B-CDs 的两个荧光发射峰，其中对 544nm 处的发射峰猝灭较大，而对 416nm 处的发射峰猝灭较小。因此，可以根据 Y/B-CDs 的两个发射峰荧光强度比（F_{416}/F_{544}）的变化定量地检测苋菜红。值得一提的是，这是首次使用基于双波长发射的 Y/B-CDs 比率型荧光传感器对苋菜红进行检测。此外，该传感器具有合成简单、响应速度快、选择性好等优点。已成功用于饮料中苋菜红的检测，回收率为 97.53%～106.45%，RSD≤1.19%（n=5），测定结果令人满意。

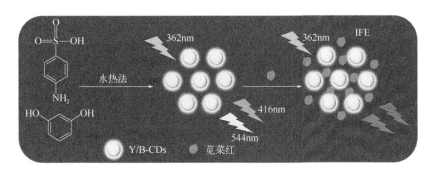

图 4-9　Y/B-CDs 的制备和对苋菜红的检测

4.2.1　Y/B-CDs 的制备与表征

试剂来源：苋菜红和亮蓝购于上海阿拉丁有限公司；KCl、NaCl、CaCl$_2$、MgCl$_2$、MnCl$_2$、CoCl$_2$、NiCl$_2$、AlCl$_3$、对氨基苯磺酸、间苯二酚、蔗糖、维生素 C、维生素 B$_1$、乳糖、葡萄糖和麦芽糖购自上海 Macklin 试剂公司；柠檬酸、柠檬酸钠、苯甲酸钠、磷酸二氢钠和磷酸氢二钠购自中国天津富晨化学试剂有限公司。实验所用试剂均为分析纯，且在使用过程中不做任何处理。实验用水均为超纯水。

Y/B-CDs 的制备：以对氨基苯磺酸和间苯二酚为原料，采用简单的水热法制备

Y/B-CDs。将 0.2g 对氨基苯磺酸在 20mL 超纯水中加热溶解，再加入 0.2g 间苯二酚搅拌形成澄清溶液。然后将透明溶液转移到 50mL 的高压反应釜中，180℃反应 8h。待反应结束，自然冷却至室温后，橙色溶液首先经滤膜（0.22μm）过滤，之后将溶液用透析管（500Da）透析 6h，每隔 2h 更换一次水。最后，将透析液冷冻干燥收集 Y/B-CDs 粉末。

表征方法：用 Lambda35 紫外-可见吸收光谱仪（PerkinElmer, USA）和 QM8000 稳态/瞬态荧光光谱仪（Horiba Science, Japan）对 Y/B-CDs 样品的光学性质进行表征。用 Tecnai F30 透射电子显微镜（FEI, USA）对 Y/B-CDs 样品的形貌和粒径分布进行表征。用 Nicolet 8700 型红外光谱仪（Thermo Fisher, USA）对 Y/B-CDs 样品的表面基团进行表征。用 Escalab 250 X 射线光电子能谱仪（Thermo Fisher, USA）对 Y/B-CDs 样品的元素组成和官能团进行表征。

4.2.2 Y/B-CDs 的性能研究

用 TEM 分析了 Y/B-CDs 的形态和颗粒大小。如图 4-10（A）所示，Y/B-CDs 均匀分散，呈现近球形。通过统计分析，发现 Y/B-CDs 的粒径分布范围为 2.91～5.21nm，平均粒度为 4.04nm[图 4-10（B）]。

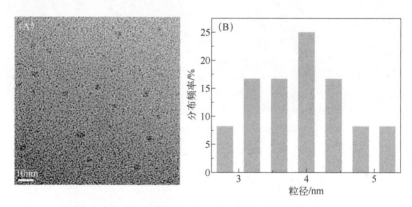

图 4-10 Y/B-CDs 的 TEM 图（A）和粒径分布（B）

用 XPS 解析 Y/B-CDs 的元素组成。在全谱上显示了 168.84eV、231.83eV、285eV、401.32eV 和 531.9eV 五个峰[图 4-11（A）]，分别对应于 S 2p、S 2s、C 1s、N 1s 和 O 1s。然后通过分峰拟合对这四种元素的高分辨谱进行处理。C 1s 谱[图 4-11（B）]在 283.93eV（C—C/C=C）、284.67eV（C—N/C—O/C—S）和 285.92eV（C=N）分别出现了三个峰[48]。N 1s 谱[图 4-11（C）]显示了 400.71eV、401.52eV 和 402.41eV

三个峰值，分别对应于石墨N、吡咯N和氨基N[49]。O 1s谱[图4-11（D）]显示了在531.2eV处的C=O/S=O、531.93eV处的C-O和533.12eV处的O-H基团[50]。S 2p谱[图4-11（E）]在167.51eV、168.44eV和169.59eV处有三个峰，分别属于C-S/N-S、S=O和-C-SO$_x$（x=2、3、4）[51]。Y/B-CDs中的S和N元素来自对氨基苯磺酸。通过红外光谱对Y/B-CDs表面官能团进行了分析。如图4-11（F）所示，-OH和-NH$_2$基团的伸缩振动出现在3204.08cm^{-1}和3055.1cm^{-1}。C-H的伸缩振动出现在2891.84cm^{-1}。在1604.08cm^{-1}、1489.8cm^{-1}和1377.55cm^{-1}处的吸收峰分别属于

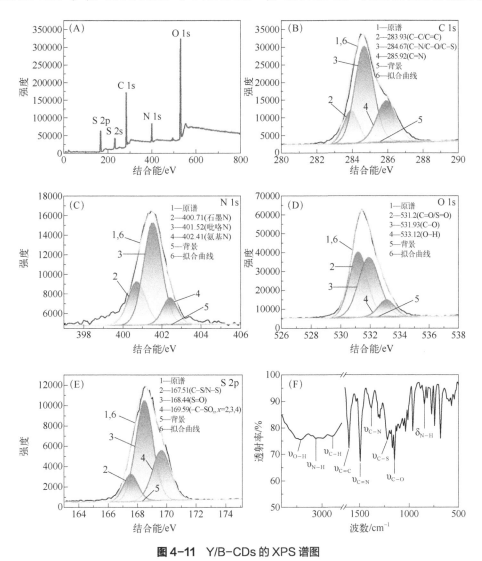

图4-11 Y/B-CDs的XPS谱图

(A) 全谱；(B) C 1s谱；(C) N 1s谱；(D) O 1s谱；(E) S 2p谱；(F) Y/B-CDs的红外光谱图

C=C、C=N 和 C—N 基团的伸缩振动。在 1216.33cm^{-1} 和 1151.02cm^{-1} 处的吸收峰分别为 C—S 和 C—O 的伸缩振动。XPS 和红外光谱结果显示，Y/B-CDs 的表面含有大量的-NH$_2$ 和-OH 官能团，保证 Y/B-CDs 具有出色的水溶性。

从紫外-可见吸收光谱和荧光光谱两个方面研究了 Y/B-CDs 的光学性质。图 4-12（A）显示，紫外-可见吸收光谱在 246nm 和 274nm 处有两个明显的峰，分别来自 C=C 键的 π→π* 跃迁和 C=O/S=O 键的 n→π* 跃迁。Y/B-CDs 的最佳激发波长出现在 362nm 处，其对应的两个发射峰分别出现在 416nm 和 544nm 处。此外，Y/B-CDs 溶液在自然光下呈黄色，在紫外灯照射下（365nm）发出黄色荧光。图 4-12（B）为激发波长 350～400nm 时 Y/B-CDs 的发射光谱。可以看到，随着激发波长的增大，400nm 附近的发射峰发生红移，而 544nm 处的发射峰波长没有明显变化。这种红移现象是由 Y/B-CDs 的不同尺寸引起的[52]。

之后，研究了 Y/B-CDs 的盐稳定性和光稳定性。如图 4-13 所示，Y/B-CDs 的

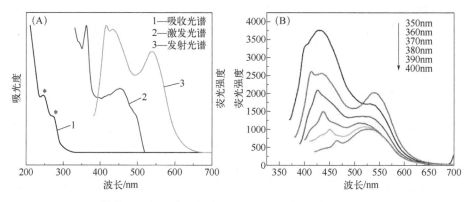

图 4-12　Y/B-CDs 的紫外-可见吸收光谱（A），350～400nm 激发波长下 Y/B-CDs 的发射光谱（B）

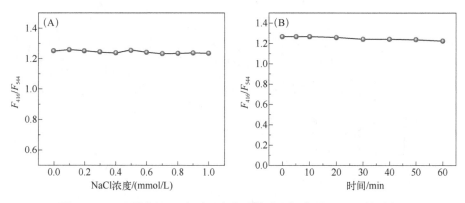

图 4-13　不同浓度 NaCl（A）和氙灯照射时间（B）对 F_{416}/F_{544} 的影响

荧光强度比 F_{416}/F_{544} 在 0~1mmol/L 的 NaCl 盐溶液和连续氙灯照射 1h 内均没有发生明显变化，说明 Y/B-CDs 具有良好的稳定性。

4.2.3 基于 Y/B-CDs 的比率型荧光传感构建及对苋菜红的测定

基于 Y/B-CDs 的比率型荧光传感构建，将 70μL Y/B-CDs 溶液（20mg/mL）与 2930μL PBS 溶液（0.01mol/L，pH=6）混合，再加入不同体积的苋菜红溶液，孵育 1min 后，在 362nm 激发波长下测定 416nm 和 544nm 处的荧光强度，并计算其荧光强度比值 F_{416}/F_{544}。

为了提高传感器的灵敏度，对 pH 值和孵育时间这两个实验条件进行优化。在碱性溶液中，Y/B-CDs 在 544nm 处的荧光峰会立即猝灭，因此选择酸性环境进行优化。实验所用苋菜红均为 10μmol/L，记录了在不同 pH 的 PBS 缓冲溶液中，Y/B-CDs 溶液加入苋菜红前后的荧光强度比差值（ΔF）。如图 4-14（A）所示，当 pH 值从 2 增加到 6 的过程中，ΔF 逐渐增大，在 pH=6 时达到最大值。因此，本实验选用 pH=6 的 PBS 为缓冲体系。图 4-14（B）为 Y/B-CDs 溶液中加入苋菜红后 1h 内 F_{416}/F_{544} 数值的变化。加入苋菜红后，F_{416}/F_{544} 在 1min 内达到最大值，并在 1h 内基本保持稳定，因此选择 1min 作为实验孵育时间。综上所述，PBS 缓冲溶液 pH=6 和孵育时间 1min 是检测苋菜红的最佳实验条件。

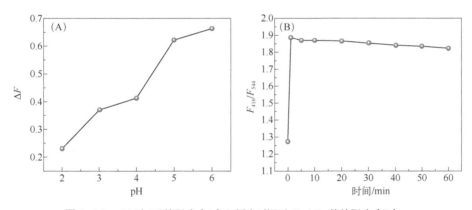

图 4-14　pH 对 ΔF 的影响（A）和孵育时间对 F_{416}/F_{544} 值的影响（B）

探究了不同浓度苋菜红对 Y/B-CDs 荧光强度的影响，如图 4-15（A）所示，在 Y/B-CDs 溶液中加入苋菜红后，Y/B-CDs 的两个荧光发射峰发生了不同程度的猝灭，其中 544nm 处的峰值下降幅度较大，416nm 处的峰值下降幅度较小。通过计算 F_{416}/F_{544} 与苋菜红浓度的关系，发现在 0.1~20μmol/L 和 20~80μmol/L 浓度范围内,F_{416}/F_{544}与苋菜红浓度有良好的线性关系[图4-15(B)和(C)],线性方程分别为$F_{416}/F_{544}=0.0649[C]+1.2697$($R^2=0.998$)和$F_{416}/F_{544}=0.0836[C]+0.9529$($R^2=0.9988$),其中[C]为苋菜红的浓度。根据公式LOD=$3s/k$($s$为11次空白溶液测量值的标准偏差,$k$为标准曲线的斜率),LOD分别为42nmol/L和33nmol/L。

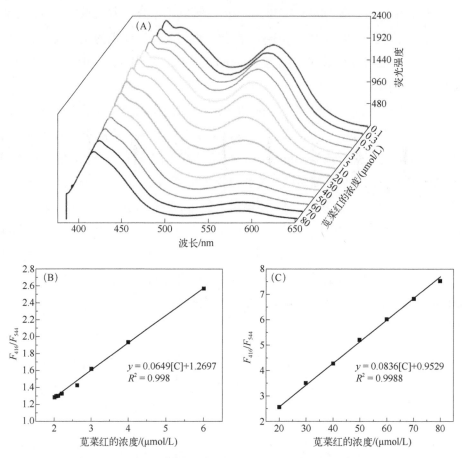

图4-15 加入不同浓度苋菜红后Y/B-CDs的荧光光谱(A), F_{416}/F_{544}与苋菜红浓度的线性关系(B和C)

选择了饮料中常见的成分和一些离子为干扰物来分析Y/B-CDs对苋菜红的选择性。从图4-16(A)中可以看出,在Y/B-CDs溶液中添加不同类型的干扰物(柠檬酸、柠檬酸钠、维生素C、蔗糖、苯甲酸钠、安赛蜜、亮蓝、维生素B_1、葡萄糖、乳糖、麦芽糖、KCl、NaCl、$CaCl_2$、$MgCl_2$、$MnCl_2$、$CoCl_2$、$NiCl_2$和$AlCl_3$)对Y/B-CDs的F_{416}/F_{544}基本没有影响,只有苋菜红的加入会使F_{416}/F_{544}发生明显的变化,这说明Y/B-CDs对苋菜红有较好的选择性。从图4-16(B)中可以看出,在干扰物质存在的情况下向溶液中加入苋菜红后，Y/B-CDs 的 F_{416}/F_{544} 仍能发生显著变化，说明干扰物质的存在对苋菜红的检测没有影响。因此，基于 Y/B-CDs 的比率型传感器具有好的选择性和抗干扰性。

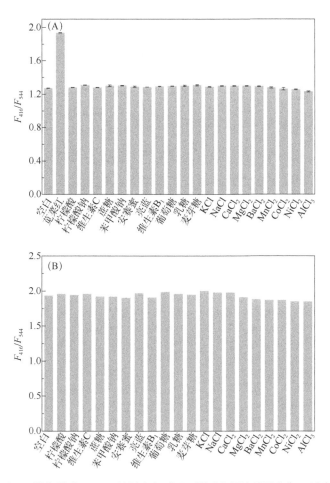

图 4-16 干扰物质对 F_{416}/F_{544} 的影响（A）和对苋菜红测定的影响（n=3）(B)

为了考察所设计传感器的实用性，将该传感器用于饮料中苋菜红含量的测定。两种饮料分别为碳酸饮料（含苋菜红）和苏打水（不含苋菜红）。饮料购自当地超市，两种饮料都经过滤膜（0.22μm）过滤。由于碳酸饮料中含有大量二氧化碳，在检测前需超声 30min 去除二氧化碳。检测结果如表 4-2 所示，该传感器测定苋菜红的回收率在 97.53%～106.45%之间，RSD≤1.19%（n=5）。结果表明基于 Y/B-CDs 的比率型荧光传感器可用于饮料中苋菜红的准确测定。

表 4-2 实际样品中苋菜红的测定结果

样品	原含量/(μmol/L)	加入量/(μmol/L)	总量/(μmol/L)	回收率/%	RSD/%
碳酸饮料	5.54	5	11.21	106.45	0.44
		10	16.18	104.14	0.18
		15	21.53	104.84	0.89
苏打水	0	5	5.04	100.83	1.18
		10	9.76	97.53	1.19
		15	15.50	103.34	0.29

4.2.4 Y/B-CDs 对苋菜红的荧光传感机理

苋菜红猝灭 Y/B-CDs 荧光的机理从三个方面进行探究。首先，研究了苋菜红紫外-可见吸收光谱和 Y/B-CDs 激发、发射光谱之间的关系。如图 4-17（A），苋菜红的紫外-可见吸收光谱与 Y/B-CDs 激发和发射光谱均有部分重叠，这符合 FRET

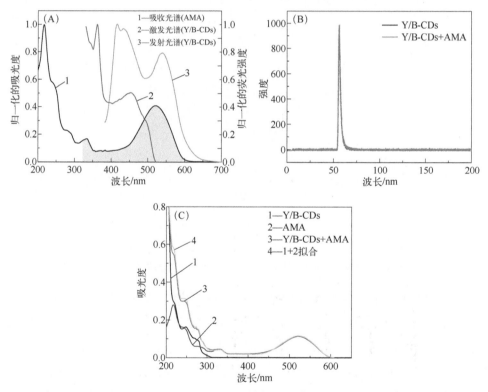

图 4-17 苋菜红（AMA）的紫外-可见吸收光谱和 Y/B-CDs 的荧光光谱（A），Y/B-CDs 和 Y/B-CDs+AMA 体系的荧光寿命（B），Y/B-CDs、AMA 和 Y/B-CDs+AMA 体系的紫外-可见吸收光谱（C）

和 IFE 发生的条件[53]。FRET 和 IFE 之间一个很大的区别是，FERT 机制会使 Y/B-CDs 的荧光寿命发生变化而 IFE 则不会[54]。接下来分析了 Y/B-CDs 和 Y/B-CDs+AMA 两个体系的荧光寿命。实验结果如图 4-17（B），通过计算可知，加入苋菜红前后 Y/B-CDs 的荧光寿命基本没有发生变化，因此排除了荧光寿命发生改变的荧光共振能量转移（FRET）机制和动态猝灭[55]。基于以上分析，推测苋菜红和 Y/B-CDs 之间可能存在内滤效应（IFE）机制。但是苋菜红和 Y/B-CDs 之间存在静态猝灭同样不会发生荧光寿命的改变，为了明确苋菜红猝灭 Y/B-CDs 荧光的机制，接着分析了 Y/B-CDs 和苋菜红混合后紫外-可见吸收光谱的变化。如图 4-17（C）所示，Y/B-CDs 和苋菜红混合后的紫外-可见吸收光谱和它们的堆叠紫外-可见吸收光谱基本无任何区别，这表明 Y/B-CDs 和苋菜红之间没有发生化学反应。而静态猝灭的本质是非荧光基态复合物的形成，一般会使紫外-可见吸收光谱发生明显的变化[56]。基于此排除了静态猝灭的可能，进一步证实了苋菜红猝灭 Y/B-CDs 荧光的机理为 IFE 机制。

4.3 氮掺杂碳量子点用于亮蓝的荧光传感

亮蓝是一种人工合成的三芳基甲烷色素，作为着色剂常被添加在肥皂、饮料、润滑剂、油墨和防雾剂等物质中。亮蓝分子结构中存在五个芳香环，导致亮蓝具有高毒性和致癌性，因此需要严格的法律监管来控制其用量。例如，1975 年，欧盟食品科学委员会将人体每日可接受的摄入量规定为 12.5mg/kg，1984 年和 2010 年，分别将其修订为 10mg/kg 和 6mg/kg。目前，欧盟规定食品和饮料中亮蓝的最高浓度不得超过 20～500mg/kg 及 200mg/L[57]。虽然目前我们国家对亮蓝的使用量也有严格的控制，但是在利益的驱使下有些不法商家还是将添加了大量亮蓝的商品进行销售，因此，对于亮蓝的定量和定性检测是十分必要的。由于荧光分析方法具有灵敏度高、检测速度快以及成本低等优点，因次通过检测发光信号变化的荧光分析技术得到了迅速发展。荧光纳米纤维、有机发光染料和共轭聚合物都可以作为荧光传感材料，但它们复杂的合成过程、繁琐的后处理和疏水性限制了其在传感领域的进一步发展应用[58]。一些基于纳米颗粒的荧光材料如以金属为基础的量子点和金属有机骨架等材料也常被用于传感，但由于含有金属离子，这些材料会对土壤水源产生污染。CDs 作为一种生态友好的荧光纳米材料，具有较小的尺寸、高的分散性、好的光稳定性、优异的生物相容性、低毒性等性能,为其在传感领域中的应用提供了大量优势[40,59-64]。

本工作以三羟甲基氨基甲烷(Tris)和柠檬酸为前驱体,通过微波法合成了氮掺杂碳量子点(N-CDs)。其中,富含碳的柠檬酸为优良的碳源,含氮原子的 Tris 为掺杂剂。合成的 N-CDs 发射明亮的蓝色荧光,能在较高浓度的盐溶液及长时间紫外光照射下保持好的稳定性,其荧光量子产率高达 46.5%。同时该合成方法经济快速,使用 800W 的微波炉在 5min 内即可完成反应。亮蓝通过静态猝灭过程可有效猝灭 N-CDs 的荧光,基于此构建了一种新型荧光传感器用于亮蓝的高灵敏检测,检出限低达 0.24μmol/L。此外,该传感器成功用于实际样品中亮蓝的检测。所建立的基于 N-CDs 的荧光传感器具有响应速度快、灵敏度高、线性范围宽等优点,有望在食品质量监测、医疗质量监督、生物医学控制等领域得到广泛应用。

4.3.1 N-CDs 的制备与表征

试剂来源:亮蓝、三羟甲基氨基甲烷购自上海阿拉丁生化试剂有限公司;抗坏血酸、乳糖、葡萄糖和蔗糖购自天津方正化学试剂有限公司;β-环糊精购自国药集团化学试剂有限公司;苯甲酸、柠檬酸、KCl、NaCl、$CaCl_2$、$MgCl_2$、$ZnCl_2$、$CdCl_2$、$Hg(NO_3)_2$ 和 $MnSO_4$ 购自天津致远化学试剂有限公司。实验所用试剂均为分析纯,且在使用过程中不做任何处理。实验用水均为超纯水。

N-CDs 的制备:将 1.054g 的柠檬酸与 0.6084g 的 Tris 溶于 10mL 水中,随后将混合溶液放入微波炉中,用 800W 的微波能量照射 5min,在这个过程中可以看到溶液由无色逐渐变为浅棕色直至深褐色,表明形成了 N-CDs。然后,用 20mL 超纯水溶解深褐色产物,并分别用滤膜(0.22μm)和透析袋(500~1000Da)除去溶液中的弱荧光大颗粒和小分子物质。N-CDs 溶液需透析 6h,透析时,每隔 2h 更换一次超纯水,为了使透析更充分,用磁力搅拌器搅拌透析溶液。最后,将透析好的 N-CDs 水溶液进行冷冻干燥,最终获得 N-CDs 黄色固体粉末。

表征方法:利用 Tecnai F30 透射电子显微镜(FEI, USA)表征 N-CDs 的形貌和纳米尺寸,制样时将 N-CDs 粉末分散于无水乙醇溶液中,将其进行超声处理后滴到多孔碳膜上,在 200kV 加速电压下进行测试。利用 Tensor-27 傅里叶红外光谱仪(Bruker, Germany)分析 N-CDs 表面官能团,将研磨好的 N-CDs 固体粉末与 KBr 粉末按照一定的质量比进行混合,然后将其压片进行 FTIR 测试,扫描范围为 400~4000cm^{-1}。利用 Escalab 250 X 射线光电子能谱仪(Thermo Fisher, USA)分析 N-CDs 的元素组成。利用 Lambda35 紫外-可见吸收光谱仪（PerkinElmer, USA）表征 N-CDs 在 200~700nm 范围内的光吸收行为，而 N-CDs 的激发和发射光谱可通过 F-2500 荧光光谱仪（Hitachi, Japan）表征。

N-CDs 样品荧光量子产率的测定（采用参比法）：实验以硫酸奎宁作为 N-CDs 的参比。首先测定不同浓度的 N-CDs 和硫酸奎宁参比溶液在 360nm 处的吸收光谱，为了减小测量误差，以上溶液在 360nm 处的吸光度需低于 0.1。然后对 N-CDs 和硫酸奎宁溶液进行荧光发射光谱测量（λ_{em}=360nm）。最后以吸光度为横坐标，发射光谱的积分面积为纵坐标，得到标准曲线。再由公式 $\varPhi_S = \varPhi_R(Grad_S/Grad_R)(\eta_S/\eta_R)^2$ 计算荧光量子产率。其中，$\varPhi$ 表示量子产率，S 表示样品，R 表示参比物质，$Grad$ 是荧光峰面积对紫外吸光度的斜率，η 是溶剂的折射率。已知，硫酸奎宁的荧光量子产率是 0.54，水的折射率是 1.33。

4.3.2 N-CDs 的性能研究

通过 TEM 图像［图 4-18（A）］发现，N-CDs 的形貌接近球形，且分布均匀，无明显聚集现象。利用 Nano Measure 软件在 TEM 图像中随机统计了约 100 个颗粒得到了相应的粒径分布图，从图 4-18（B）中可以看出该 N-CDs 的粒径分布范围为 0.6~8.5nm，平均粒径约为 4.5nm。

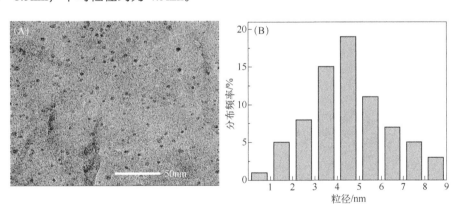

图 4-18 N-CDs 的 TEM（A）和粒径分布图（B）

进一步采用红外光谱和 XPS 能谱探究了 N-CDs 的表面结构和官能团组成。如图 4-19 所示，3378cm^{-1} 处的吸收峰来自 O—H 和 N—H 的伸缩振动，2962cm^{-1} 和 2897cm^{-1} 处的吸收峰与 C—H 伸缩振动相关，而 1739cm^{-1} 处的吸收峰则来自 C=O 伸缩振动。此外，C=C 伸缩振动和 N—H 弯曲振动分别对应于 1667cm^{-1} 和 1543cm^{-1}

处的吸收峰，1459cm^{-1} 处的峰与 C—N 键相关，1057cm^{-1} 处的吸收峰来自 C—O 的伸缩振动。

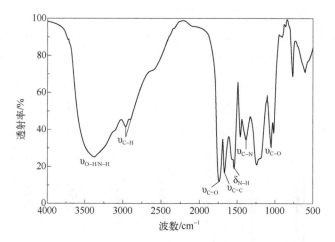

图 4-19　N-CDs 的 IR 谱图

图 4-20（A）是制备的 N-CDs 的 XPS 全谱，可以看出 N-CDs 在 288.7eV、401.4eV 和 531.6eV 处有三个主峰，分别代表 C 1s、N 1s 和 O 1s。C 1s 的高分辨谱

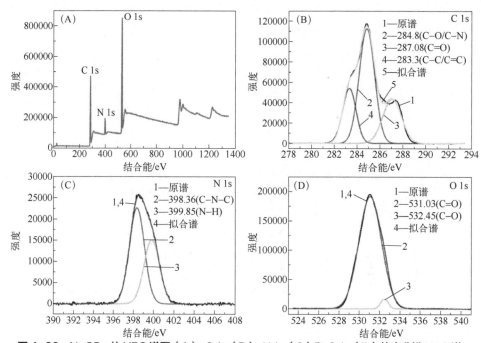

图 4-20　N-CDs 的 XPS 谱图（A），C 1s（B）、N 1s（C）和 O 1s（D）的高分辨 XPS 谱

[图4-20（B）]可分解为284.8eV（C–O/C–N）、287.08eV（C=O）和283.3eV（C–C/C=C）三个特征峰。图4-20（C）是制备N-CDs的N 1s高分辨谱,可以看出N 1s峰由398.36eV处的C–N–C峰和399.85eV处的N–H峰组成。O 1s谱[图4-20（D）]呈现出C=O和C–O两个峰,分别位于531.03eV和532.45eV处。以上结果表明,N-CDs表面存在大量亲水性官能团,能用于水相中亮蓝的测定。

图4-21（A）所示N-CDs在343nm处的紫外吸收峰,对应于芳香族系统的C=O和C=N的n→π*跃迁。N-CDs的最佳激发波长为350nm,最佳发射波长为432nm。N-CDs溶液在紫外光和日光照射下的颜色分别为蓝色和浅黄色,表明小尺寸的N-CDs存在量子限域效应[65]。考察了该N-CDs在不同激发波长（280～380nm）的荧光发射情况,如图4-21（B）所示,N-CDs的荧光发射峰强度先增强（λ_{ex}=280～350nm）后减弱（λ_{ex}=350～380nm）,在350nm处达到最大值。此外,计算所得N-CDs的荧光量子产率为46.5%[图4-21（C）和（D）]。

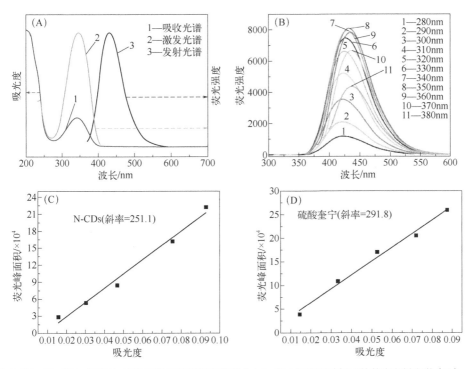

图4-21 N-CDs的紫外-可见吸收光谱及荧光光谱（A）,在不同激发波长下的荧光发射光谱（B）,N-CDs（C）和硫酸奎宁（D）在不同吸光度下的荧光峰面积

为了证明制备的高荧光N-CDs具有实际应用的潜力,进一步考察了其在不同外界条件下的光稳定性。图4-22（A）是0～2mol/L NaCl溶液对N-CDs光稳定性

的影响，从图中可以看出 N-CDs 的荧光强度只发生了轻微的变化，表明 N-CDs 具有出色的耐盐性，这有益于 N-CDs 在实际盐溶液中的使用。此外，图 4-22（B）为 N-CDs 溶液在紫外灯连续照射下的分析结果，可以看出氙灯照射 180min 后，N-CDs 的荧光强度维持了原有强度的 90%，这表明拥有稳定结构的 N-CDs 不易出现光漂白现象。

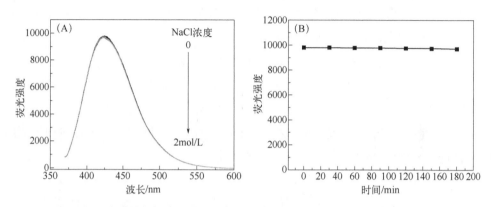

图 4-22 离子强度（A）和紫外灯下曝光时间（B）对 N-CDs 荧光强度的影响

4.3.3 基于 N-CDs 的荧光传感构建及对亮蓝的测定

基于 N-CDs 的荧光传感构建，吸取 60μL 10mg/mL 的 N-CDs 溶液，随后将其与不同浓度的亮蓝溶液混合，并将混合溶液用 PBS 溶液（pH=6）稀释至 3mL，在室温条件下混合 15min，然后记录 λ_{ex}=350nm 条件下溶液的荧光强度 F_0 和 F（F_0 和 F 分别是添加亮蓝前后 N-CDs 溶液的荧光强度），计算荧光猝灭率（F_0/F）。

为了获得检测亮蓝的最佳传感条件，对实验中的关键参数进行了优化，包括 N-CDs 的用量、溶液 pH 及 N-CDs 与亮蓝之间的培育时间，优化实验将 F_0/F 作为亮蓝检测的响应信号。首先探索了 N-CDs 剂量（20~120μL）对 F_0/F 的影响。如图 4-23（A）所示，随着 N-CDs 用量从 20μL 增加到 60μL 时，F_0/F 逐渐增加，当 N-CDs 用量超过 60μL 时，F_0/F 开始减少。因此，实验选择 60μL 作为 N-CDs 最佳用量进行亮蓝的检测。随后研究了 pH（2~10）对 F_0/F 的影响。如图 4-23（B）所示，当 pH 从 2 增大到 6 时，F_0/F 增加到最大，当进一步增大 pH 值时，F_0/F 逐渐降低，因此，选择 pH=6 作为实验的最优 pH 值。最后研究了 N-CDs 与亮蓝之间的培育时间对 F_0/F 的影响。如图 4-23（C）所示，F_0/F 在 1min 到 15min 的培育时间内逐步上升，15min 后略有下降，最后几乎保持不变。为了实现快速反应，使用 15min

的孵化时间来进行接下来的实验。

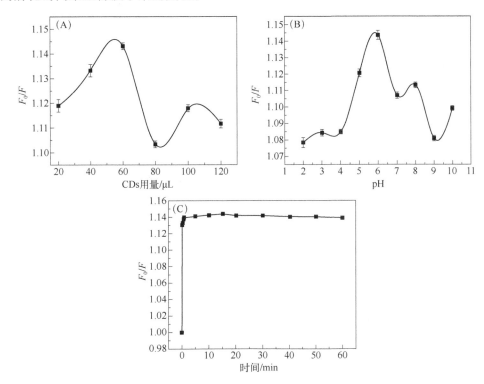

图 4-23 N-CDs 用量（A）、溶液 pH（B）和孵育时间（C）对 F_0/F 的影响

在优化条件下，通过测量含有不同浓度亮蓝的 N-CDs 溶液（10mg/mL）的荧光强度，来评估该检测方法的线性。如图 4-24（A）所示，随着 N-CDs 体系中亮蓝的浓度由 0 增加至 200μmol/L，N-CDs 的荧光强度也随之下降，亮蓝有效地猝灭了

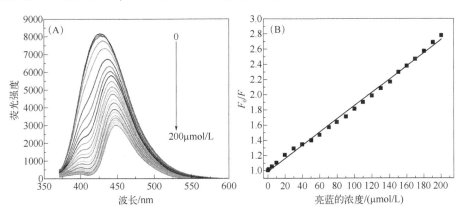

图 4-24 添加不同浓度（0~200μmol/L）亮蓝后 N-CDs 的荧光发射光谱（A），
F_0/F 与亮蓝浓度之间的线性关系（B）

N-CDs 的荧光。图 4-24(B) 是 F_0/F 值与亮蓝浓度的关系图，发现在 0.4~200μmol/L 浓度范围内保持有良好的线性关系。线性方程为：$F_0/F=0.0087[C]+1$ ($R^2=0.9964$)，LOD 为 0.24μmol/L，表明 N-CDs 可以有效地用于亮蓝的检测。

优异的选择性对一种稳健的检测方法是十分重要的。为了探究 N-CDs 对亮蓝检测的选择性，实验研究了相关金属离子（K^+、Na^+、Mn^{2+}、Zn^{2+}、Ca^{2+}、Mg^{2+}、Hg^{2+}和Cd^{2+}）和其他共存物质（抗坏血酸、乳糖、葡萄糖、蔗糖、β-环糊精、苯甲酸和柠檬酸）可能存在的影响。如图 4-25 所示，只有亮蓝引起了 N-CDs 荧光强度的明显变化，而其他干扰物质影响较低或可忽略不计。

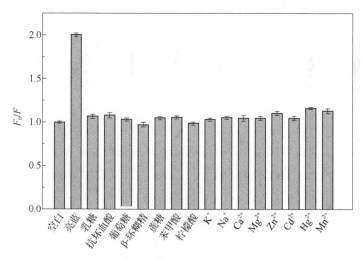

图 4-25 不同干扰物对 F_0/F 的影响

通过测定实际样品饮料中亮蓝的含量，验证了基于 N-CDs 的荧光探针检测实际样品亮蓝的可行性。饮料购自当地超市。首先将饮料样品放入离心机中，在 12000r/min 转速下离心处理 15min 除去沉淀物。随后将离心所得上清液取出并通过 0.44μm 孔径的滤膜过滤，收集滤液，在 4℃条件下储存，以备进一步分析应用。按照标准加入法，将四个浓度水平的亮蓝添加到饮料溶液中，如表 4-3 所示，其回收

表 4-3 饮料样品中亮蓝的测定

样品	加入量/(μmol/L)	测得量/(μmol/L)	回收率/%	RSD/%
饮料	20.0	23.0	115.0	1.40
	60.0	65.6	109.3	0.27
	120.0	120.4	100.3	1.20
	180.0	184.0	102.2	0.35

率为 100.3%～115.0%，RSD≤1.40%（n=5）。结果表明，基于 N-CDs 构建的荧光传感器具有良好的准确性和重复性，可以有效地用于实际样品中亮蓝的定量测定。

4.3.4　N-CDs 对亮蓝的荧光传感机理

导致荧光猝灭的原因有很多，本实验考察了 SQE（静态猝灭）、DQE（动态猝灭）、IFE 及 FRET 机制。IFE 和 FRET 效应需要猝灭剂的吸收光谱与供体的荧光激发光谱或发射光谱重叠，并伴随荧光强度的降低。显然，从图 4-26（A）可以看出它们的光谱并没有重叠，因此可以排除 N-CDs 的荧光猝灭是由 FRET 和 IFE 引起的途径[66,67]。对于 SQE 和 DQE 过程，可以根据亮蓝加入前后 N-CDs 荧光寿命来区分，荧光寿命降低的属于 DQE，不发生明显变化的为 SQE[63,64,68-71]。从图 4-26（B）可以看出，在与亮蓝混合之前，N-CDs 的平均寿命为 14.3ns，当加入亮蓝后，N-CDs 的平均寿命为 14.26ns，由此可知加入亮蓝前后，N-CDs 的寿命没有发生明显的变化，因此推测 N-CDs 对亮蓝检测的机理属于 SQE。

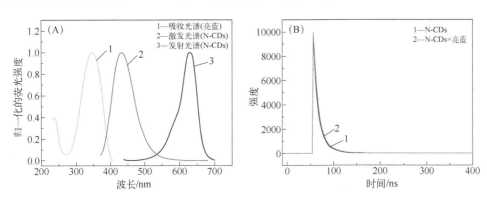

图 4-26　亮蓝的紫外-可见吸收光谱与 N-CDs 的荧光光谱（A），加入亮蓝前后 N-CDs 的荧光寿命比较（B）

参考文献

[1] Wu L, Pu H, Huang L, et al. Plasmonic nanoparticles on metal-organic framework: a versatile SERS platform for adsorptive detection of new coccine and orange Ⅱ dyes in food[J]. Food Chem, 2020, 328: 127105.

[2] Ou Y, Wang X, Lai K, et al. Gold nanorods as surface-enhanced raman spectroscopy substrates for rapid and sensitive analysis of allura red and sunset yellow in beverages[J]. J Agric Food Chem, 2018, 66(11): 2954-2961.

[3] Yao Y, Wang W, Tian K, et al. Highly reproducible and sensitive silver nanorod array for the rapid detection of allura red in candy[J]. SpectroChim Acta A Mol BioMol Spectrosc, 2018, 195: 165-171.

[4] 邵丹, 王美玲, 陈志炎, 等. 碳材料在色素电化学传感中的研究进展[J]. 材料导报, 2021, 35(S2): 22-27.

[5] 冉丹, 罗苏苏, 张可欣, 等. HPLC 法检测蜜饯中 20 种合成着色剂含量[J]. 食品工业科技, 2022, 43(16): 281-289.

[6] 林子豪, 毛新武, 周庆琼, 等. 液相色谱串联质谱法同时测定调味酱中 85 种酸性合成色素[J]. 食品工业科技, 2022, 43(5): 270-279.

[7] 金一萍, 肖全松, 陶瑞民, 等. 紫外光谱法测定食品中多种合成色素的研究[J]. 新余学院学报, 2017, 22(6): 22-24.

[8] 王选瑞. 基于三维荧光技术对合成色素的检测方法研究[D]. 秦皇岛, 燕山大学, 2020.

[9] Tsuda S, Murakami M, Matsusaka N, et al. DNA damage induced by red food dyes orally administered to pregnant and male mice[J]. Toxicol Sci, 2001, 61(1): 92-99.

[10] Cyriac S T, Sivasankaran U, Kumar K G. Biopolymer based electrochemical sensor for ponceau 4R: an insight into electrochemical kinetics[J]. J ElectroChem Soc, 2018, 165(14): B746.

[11] Xie Y, Li Y, Sun Y, et al. Theoretical calculation (DFT), raman and surface-enhanced raman scattering (SERS) study of ponceau 4R[J]. SpectroChim Acta A: Mol BioMol Spectrosc, 2012, 96: 600-604.

[12] Iammarino M, Mentana A, Centonze D, et al. Dye use in fresh meat preparations and meat products: a survey by a validated method based on HPLC-UV-diode array detection as a contribution to risk assessment[J]. Int J Food Sci Technol, 2020, 55(3): 1126-1135.

[13] Chen D, Zhang H, Feng J, et al. Research on the determination of 10 industrial dyes in foodstuffs[J]. J Chromatogr Sci, 2017, 55 10: 1021-1025.

[14] Ryvolová M, Táborský P, Vrábel P, et al. Sensitive determination of erythrosine and other red food colorants using capillary electrophoresis with laser-induced fluorescence detection[J]. J Chromatogr A, 2007, 1141(2): 206-211.

[15] Tsai C F, Kuo C H, Shih D Y. Determination of 20 synthetic dyes in chili powders and syrup-preserved fruits by liquid chromatography/tandem mass spectrometry[J]. J Food Drug Anal, 2015, 23(3): 453-462.

[16] Dixit S, Khanna S K, Das M. Simultaneous determination of eight synthetic permitted and five commonly encountered nonpermitted food colors in various food matrixes by high-performance liquid chromatography [J]. JAOAC Int, 2010, 93(5): 1503-1514.

[17] Khanavi M, Hajimahmoodi M, Ranjbar A M, et al. Development of a green chromatographic method for simultaneous determination of food colorants[J]. Food Anal Methods, 2012, 5(3): 408-415.

[18] Chen Q C, Mou S F, Hou X P, et al. Determination of eight synthetic food colorants in drinks by high-performance ion chromatography[J]. J Chromatogr A, 1998, 827(1): 73-81.

[19] Mohapatra S, Sahu S, Sinha N, et al. Synthesis of a carbon-dot-based photoluminescent probe for selective and ultrasensitive detection of Hg^{2+} in water and living cells[J]. Analyst, 2015, 140(4): 1221-1228.

[20] Paredes J I, Villar-Rodil S, Martínez-Alonso A, et al. Graphene oxide dispersions in organic solvents[J]. Langmuir, 2008, 24(19): 10560-10564.

[21] Parvin N, Mandal T K. Dually emissive P,N-co-doped carbon dots for fluorescent and photoacoustic tissue imaging in living mice[J]. ElectroChim Acta, 2017, 184(4): 1117-1125.

[22] Li J, Jiao Y, Feng L, et al. Highly N,P-doped carbon dots: Rational design, photoluminescence and cellular imaging[J]. ElectroChim Acta, 2017, 184(8): 2933-2940.

[23] Bourlinos A B, Zbořil R, Petr J, et al. Luminescent surface quaternized carbon dots[J]. Chem Mater, 2012, 24(1): 6-8.

[24] Lu S, Sui L, Liu J, et al. Near-infrared photoluminescent polymer-carbon nanodots with two-photon fluorescence[J]. Adv Mater, 2017, 29(15): 1603443.

[25] Sun Y P, Zhou B, Lin Y, et al. Quantum-sized carbon dots for bright and colorful photoluminescence[J]. J Am Chem Soc, 2006, 128(24): 7756-7757.

[26] Liu H, Xu C, Bai Y, et al. Interaction between fluorescein isothiocyanate and carbon dots: inner filter effect and fluorescence resonance energy transfer[J]. SpectroChim Acta A Mol BioMol Spectrosc, 2017, 171: 311-316.

[27] Fan Y Z, Zhang Y, Li N, et al. A facile synthesis of water-soluble carbon dots as a label-free fluorescent probe for rapid, selective and sensitive detection of picric acid[J]. Sens Actuators B: Chem, 2017, 240: 949-955.

[28] Mu X, Wu M, Zhang B, et al. A sensitive "off-on" carbon dots-Ag nanoparticles fluorescent probe for cysteamine detection via the inner filter effect[J]. Talanta, 2021, 221: 121463.

[29] Gauthier T D, Shane E C, Guerin W F, et al. Fluorescence quenching method for determining equilibrium constants for polycyclic aromatic hydrocarbons binding to dissolved humic materials[J]. Environ. Sci Technol, 1986, 20: 1162-1166.

[30] Ji L, Zhang Y, Yu S, et al. Morphology-tuned preparation of nanostructured resorcinol-formaldehyde carbonized polymers as highly sensitive electrochemical sensor for amaranth[J]. J ElectroAnal Chem, 2016, 779: 169-175.

[31] Han Q, Wang X, Yang Z, et al. Fe_3O_4@rGO doped molecularly imprinted polymer membrane based on magnetic field directed self-assembly for the determination of amaranth[J]. Talanta, 2014, 123: 101-108.

[32] Qin J, Shen J, Xu X, et al. A glassy carbon electrode modified with nitrogen-doped reduced graphene oxide and melamine for ultra-sensitive voltammetric determination of bisphenol A[J]. Mikrochim Acta, 2018, 185(10): 459.

[33] Wang P, Hu X, Cheng Q, et al. Electrochemical detection of amaranth in food based on the enhancement effect of carbon nanotube film[J]. J Agric Food Chem, 2010, 58(23): 12112-12116.

[34] Li Y, Luo S, Kong D, et al. A green, simple, and rapid detection for amaranth in candy samples based on the fluorescence quenching of nitrogen-doped graphene quantum dots[J]. Food Anal Methods, 2019, 12(7): 1658-1665.

[35] Tajik S, Orooji Y, Karimi F, et al. High performance of screen-printed graphite electrode modified with Ni-Mo-MOF for voltammetric determination of amaranth[J]. J Food Meas Charact, 2021, 15(5): 4617-4622.

[36] Ni Y, Wang Y, Kokot S. Simultaneous kinetic spectrophotometric analysis of five synthetic food colorants with the aid of chemometrics[J]. Talanta, 2009, 78(2): 432-441.

[37] Tonica W W, Hardianti M F, Prasetya S A, et al. Determination of rhodamine-B and amaranth in snacks at primary school sukolilo district of surabaya-indonesia by thin layer chromatography[J]. AIP Conf Proc, 2018, 2049(1): 020043.

[38] Xu X, Ray R, Gu Y, et al. Electrophoretic analysis and purification of fluorescent single-walled carbon nanotube fragments[J]. J Am Chem Soc, 2004, 126(40): 12736-12737.

[39] Gan Z, Hu X, Huang X, et al. A dual-emission fluorescence sensor for ultrasensitive sensing mercury in milk based on carbon quantum dots modified with europium (Ⅲ) complexes[J]. Sens Actuators B: Chem, 2021, 328: 128997.

[40] Baker S N, Baker G A. Luminescent carbon nanodots: emergent nanolights[J]. Angew Chem Int Ed, 2010, 49(38): 6726-6744.

[41] Li W, Wu S, Zhang H, et al. Enhanced biological photosynthetic efficiency using light-harvesting engineering with dual-emissive carbon dots[J]. Adv Funct Mater, 2018, 28(44): 1804004.

[42] Liu L Z, Mi Z, Li H, et al. Highly selective and sensitive detection of amaranth by using carbon dots-based

nanosensor[J]. RSC Adv, 2019, 9(45): 26315-26320.

[43] Xiang Y, Tu Y, Jiang L, et al. Orange fluorescent dual-mode nanoprobe for selective and sensitive detection of amaranth based on S,N-doped carbon dots[J]. Dyes Pigm, 2022, 205: 110533.

[44] Zou Y, Yan F, Dai L, et al. High photoluminescent carbon nanodots and quercetin-Al^{3+} construct a ratiometric fluorescent sensing system[J]. Carbon, 2014, 77: 1148-1156.

[45] Yan F, Bai Z, Ma T, et al. Surface modification of carbon quantum dots by fluorescein derivative for dual-emission ratiometric fluorescent hypochlorite biosensing and in vivo bioimaging[J]. Sens Actuators B: Chem, 2019, 296: 126638.

[46] Wen J, Li N, Li D, et al. Cesium-doped graphene quantum dots as ratiometric fluorescence sensors for blood glucose detection[J]. ACS Appl Nano Mater, 2021, 4(8): 8437-8446.

[47] Wu P, Hou X, Xu J J, et al. Ratiometric fluorescence, electrochemiluminescence, and photoelectrochemical chemo/biosensing based on semiconductor quantum dots[J]. Nanoscale, 2016, 8(16): 8427-8442.

[48] Liu Y, Zhou Q, Yuan Y, et al. Hydrothermal synthesis of fluorescent carbon dots from sodium citrate and polyacrylamide and their highly selective detection of lead and pyrophosphate[J]. Carbon, 2017, 115: 550-560.

[49] Xing X, Huang L, Zhao S, et al. S,N-doped carbon dots for tetracyclines sensing with a fluorometric spectral response[J]. MicroChem J, 2020, 157: 105065.

[50] Huo X, Liu L, Bai Y, et al. Facile synthesis of yellowish-green emitting carbon quantum dots and their applications for phoxim sensing and cellular imaging[J]. Anal Chim Acta, 2022, 1206: 338685.

[51] Gong X, Li Z, Hu Q, et al. N,S,P co-doped carbon nanodot fabricated from waste microorganism and its application for label-free recognition of manganese(Ⅶ) and l-ascorbic acid and AND logic gate operation[J]. ACS Appl Mater Interfaces, 2017, 9(44): 38761-38772.

[52] Dong Y, Pang H, Yang H B, et al. Carbon-based dots co-doped with nitrogen and sulfur for high quantum yield and excitation-independent emission[J]. Angew Chem Int Ed, 2013, 52(30): 7800-7804.

[53] Liu M L, Chen B B, Li C M, et al. Carbon dots prepared for fluorescence and chemiluminescence sensing[J]. Sci China Chem, 2019, 62(8): 968-981.

[54] Feng S, Pei F, Wu Y, et al. A ratiometric fluorescent sensor based on g-CNQDs@Zn-MOF for the sensitive detection of riboflavin via FRET[J]. SpectroChim Acta A Mol BioMol Spectrosc, 2021, 246: 119004.

[55] Gao Y T, Chen B B, Jiang L, et al. Dual-emitting carbonized polymer dots synthesized at room temperature for ratiometric fluorescence sensing of Vitamin B12[J]. ACS Appl Mater Interfaces, 2021, 13 (42): 50228-50235.

[56] Li X, Bao Y, Dong X, et al. Dual-excitation and dual-emission carbon dots for Fe^{3+} detection, temperature sensing, and lysosome targeting[J]. Anal Chem, 2021, 13(37): 4246-4255.

[57] Additives E P O F. Nutrient sources added to F. scientific opinion on the re-evaluation of brilliant blue FCF (E 133) as a food additive[J]. EFSA J, 2010, 8(11): 1853.

[58] Sun X, Wang Y, Lei Y. Fluorescence based explosive detection: from mechanisms to sensory materials[J]. Chem Soc Rev, 2015, 44(22): 8019-8061.

[59] Lim S. Y, Shen W, Gao Z. Carbon quantum dots and their applications[J]. Chem Soc Rev, 2015, 44(1): 362-381.

[60] Zhao A, Chen Z, Zhao C, et al. Recent advances in bioapplications of C-dots[J]. Carbon, 2015, 85: 309-327.

[61] Lim H, Liu Y, Kim H Y, et al. Facile synthesis and characterization of carbon quantum dots and photovoltaic applications[J]. Thin Solid Films, 2018, 660: 672-677.

[62] Das R, Bandyopadhyay R, Pramanik P. Carbon quantum dots from natural resource: a review[J]. Mater Today Chem, 2018, 8: 96-109.

[63] Shi Y, Liu X, Wang M, et al. Synthesis of N-doped carbon quantum dots from bio-waste lignin for selective irons detection and cellular imaging[J]. Int J Biol MacroMol, 2019, 128: 537-545.

[64] Saud P S, Pant B, Alam A M, et al. Carbon quantum dots anchored TiO_2 nanofibers: Effective photocatalyst for waste water treatment[J]. Ceram Int, 2015, 41(9, Part B): 11953-11959.

[65] Arvind S, Mohapatra P K. Kalyanasundaram D, et al. Self-functionalized ultrastable water suspension of luminescent carbon quantum dots[J]. Mater Chem Phys, 2019, 225: 23-27.

[66] Pourreza N, Ghomi M. Simultaneous cloud point extraction and spectrophotometric determination of carmoisine and brilliant blue FCF in food samples[J]. Talanta, 2011, 84(1): 240-243.

[67] Martins N, Roriz C L, Morales P, et al. Food colorants: challenges, opportunities and current desires of agro-industries to ensure consumer expectations and regulatory practices[J]. Trends Food Sci Technol, 2016, 52: 1-15.

[68] Singh A, Mohapatra P K, Kalyanasundaram D, et al. Self-functionalized ultrastable water suspension of luminescent carbon quantum dots[J]. Mater Chem Phys, 2019, 225: 23-27.

[69] Yu J, Song N, Zhang Y K, et al. Green preparation of carbon dots by Jinhua bergamot for sensitive and selective fluorescent detection of Hg^{2+} and Fe^{3+}[J]. Sens Actuators B: Chem, 2015, 214: 29-35.

[70] Yang S, Sun J, Li X, et al. Large-scale fabrication of heavy doped carbon quantum dots with tunable-photoluminescence and sensitive fluorescence detection[J]. J Mater Chem A, 2014, 2(23): 8660-8667.

[71] Barman S, Sadhukhan M. Facile bulk production of highly blue fluorescent graphitic carbon nitride quantum dots and their application as highly selective and sensitive sensors for the detection of mercuric and iodide ions in aqueous media[J]. J Mater Chem A, 2012, 22(41): 21832-21837.

CHAPTER 5

第 5 章

生物小分子和金属离子的碳量子点荧光传感

在众多的荧光分析中，以 CDs 为代表的荧光分析技术因其灵敏度高、选择性强、成本低、易于可视化、操作简单、响应速度快等优点而受到科学家们的广泛关注。作为一种新型的碳纳米材料，CDs 不仅具有可调节的光学特性，还具有很好的光稳定性、低毒性、生物相容性和优异的水溶性，已被应用于构建一系列荧光传感器。在本研究中，主要以 CDs 作为荧光探针，利用其荧光性质，将其发展为荧光传感器，应用于生物小分子和金属离子的分析检测。

5.1 橙色和蓝色双波长发射碳量子点用于 L-谷氨酸的荧光传感

L-谷氨酸（L-Glu）是一种酸性氨基酸，在生物体内的蛋白质代谢过程中占据重要地位。虽然 L-Glu 是人体内的一种非必需氨基酸，但它在控制和调节中枢和外周神经系统方面起着不可或缺的作用[1,2]。人体内 L-Glu 水平的异常会导致许多神经或精神疾病的产生，如阿尔茨海默病和帕金森病[3]。在食品工业中，L-Glu 由于其独特的新鲜口感，被广泛用作鸡精、味精、酱油和一些调味品的风味增强剂。但当人体摄取过多量的 L-Glu 时，会产生过敏反应，如头痛和胃痛[4]。因此，建立一种绿色、简便、灵敏、快速、低成本的分析方法，用于检测食品和生物样品中的 L-Glu 是非常有必要的。近年来，毛细管电泳质谱法[5]、拉曼光谱法[6]、液相色谱法[1]、电化学生物传感器[7,8]等多种方法被开发并应用于 L-Glu 的检测。但这些方法大多需要昂贵的仪器、专业的操作人员、复杂的样品前处理和大量的操作时间，而微型化学传感器因其简单、便携和低成本而引起研究人员的关注。其中荧光传感器因其响应速度快、灵敏度高、选择性好而被广泛应用于痕量检测。

CDs 作为碳纳米材料家族中的一员，具有合成简单、生物相容性好、结构稳定等优点。这些优良的性质使 CDs 在指纹识别[9]、光电器件[10]、光学成像[11]、调节植物的生化过程[12]、化学传感[13]和纳米医学[14]等领域有着广泛的应用，尤其在传感领域。但目前报道的基于 CDs 的荧光传感大多数为单波长响应信号，结果很容易受到环境、光源、探针浓度和仪器设备的影响[15]。为了克服这些缺点，研究人员将 CDs 与其他荧光纳米材料相结合，构建了比率型荧光传感器，如金属有机骨架（MOF）[16-18]、稀土离子[19]、有机染料[20]、金纳米簇（AuNCs）[21,22]等。这些具有双发射峰的比率型传感器显著提高了分析的准确性[23]。例如，Lesani 等人[24]建立了一种比率型传感器，通过将荧光素异硫氰酸酯（FITC）分子偶联到 CDs 上来检测 Fe^{3+}。Fe^{3+}会同时猝灭 CDs 和异硫氰酸酯分子的荧光，其检出限为 2.21μmol/L。Xu 课题组[25]将 CDs 封装在 MOF 中实现信号放大，用于槲皮素的高灵敏检测。张课题组[26]将 CDs 与牛血清白蛋白包裹的 AuNCs 偶联，构建了比率型荧光探针，该探针成功应用于多巴胺的分析测定，这是因为多巴胺阻止了 CDs 和 AuNCs 之间的 FRET 过程，导致荧光强度发生变化。构建的比率型荧光传感器具有自校准功能，在检测中表现出更高的灵敏度。到目前为止，大多数基于 CDs 的比率型荧光传感器都是通过物理或化学方法与其他荧光材料组装而成，过程较为繁琐[27]。因此，开发合成方法简单且在单一激发波长下具有双发射峰的 CDs 比率型传感器仍然是一项迫切的任务。

本工作以邻苯二胺和草酸为原料，通过一步水热法合成了一种橙色和蓝色双波长发射碳量子点（O/B-CDs），并利用 O/B-CDs 的双信号荧光特性设计了一种高灵敏检测 L-Glu 的方法。如图 5-1 所示，当激发波长为 390nm 时，O/B-CDs 分别在

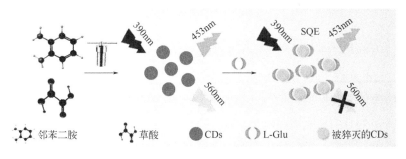

图 5-1 O/B-CDs 的制备及对 L-Glu 传感示意图

453nm 和 560nm 处有两个发射峰。随着 L-Glu 的加入，560nm 发射峰的荧光明显被猝灭，而 453nm 发射峰的荧光强度没有发生明显变化。L-Glu 的浓度与 O/B-CDs 两个发射峰的荧光强度比（F_{560}/F_{453}）呈现良好的线性关系。此外，还成功地用 O/B-CDs 检测了胎牛血清样品中的 L-Glu。据作者所知，这是首次使用双发射 CDs 检测 L-Glu。

5.1.1 O/B-CDs 的制备与表征

试剂来源：邻苯二胺购自成都市科龙化工试剂厂；草酸购自天津市化学试剂批发公司；L-谷氨酸、胎牛血清、$BaCl_2$、KCl、$MgCl_2$、$MnSO_4$、$CaCl_2$、$CoCl_2$ 和 $NaNO_3$ 购自上海麦克林生化有限公司；DL-高半胱氨酸、苯丙氨酸、丙氨酸、蛋氨酸、亮氨酸、色氨酸、苏氨酸和甘氨酸购自阿拉丁试剂有限公司。实验所用试剂均为分析纯，且在使用过程中不做任何处理。实验用水均为超纯水。

O/B-CDs 的制备（采用一步水热法）：将 0.5g 邻苯二胺和 0.3g 草酸溶解在 20mL 超纯水中，混合溶液超声 10min。然后，将混合均匀的溶液移入 50mL 高压反应釜中，在 180℃恒温干燥箱内反应 8h。待反应完成，溶液冷却至室温后，将黄色的 O/B-CDs 溶液在-4℃下放置 5 天，使用微孔滤膜（0.22μm）过滤去除杂质。最后，通过冷冻干燥收集黄色的 O/B-CDs 粉末，并将得到的粉末放置在 4℃的冰箱中保存，用于进一步的表征和研究。

表征方法：用 Lambda35 紫外-可见吸收光谱仪（PerkinElmer, USA）和 QM8000 稳态/瞬态荧光光谱仪（Horiba Science, Japan）对 O/B-CDs 样品的光学性质进行表征。用 Tecnai F30 透射电子显微镜（FEI, USA）对 O/B-CDs 样品的形貌和尺寸分布进行表征。用 Nicolet 8700 型红外光谱仪（Thermo Fisher, USA）对 O/B-CDs 样品的表面基团进行表征。用 Escalab 250 X 射线光电子能谱仪（Thermo Fisher, USA）对 O/B-CDs 样品的元素组成和官能团进行表征。

5.1.2 O/B-CDs 的性能研究

用 TEM 观察了 O/B-CDs 的形貌和尺寸。如图 5-2（A）所示，O/B-CDs 呈均匀的球形并具有良好的分散性。图 5-2（A）插图中的 HRTEM 图像表明，O/B-CDs 的晶格间距为 0.23nm。O/B-CDs 的粒径分布通过 Nano Measure 软件进行统计，如图 5-2（B）所示，O/B-CDs 的粒径分布在 1.45～5.95nm 范围内，平均粒径约为 3.29nm。

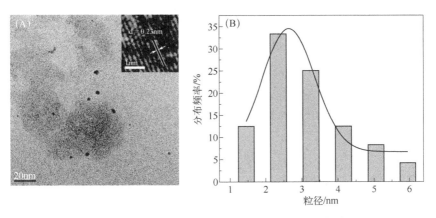

图 5-2 O/B-CDs 的 TEM 图（A）和粒径分布图（B）

图 5-3 为 O/B-CDs 的红外光谱图，3377cm^{-1}、3192cm^{-1}、3033cm^{-1} 和 1631cm^{-1} 的吸收峰分别是由 N—H、O—H、C—H 和 C=O 伸缩振动造成的。C=C、C=N、C—N 和 C—O 的伸缩振动峰分别出现在 1500cm^{-1}、1395cm^{-1}、1263cm^{-1} 和 1138cm^{-1} 处。821cm^{-1} 处的吸收峰由 N—H 弯曲振动引起。上述红外光谱分析结果表明，O/B-CDs 表面含有 —NH$_2$、—OH 和 —COOH 等亲水性基团，使得 O/B-CDs 具有良好的水溶性。

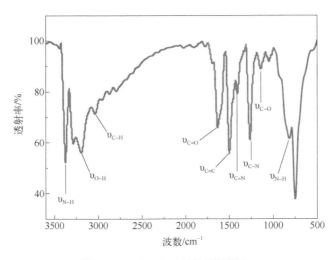

图 5-3 O/B-CDs 的红外光谱图

通过 XPS 进一步分析 O/B-CDs 的组成和表面态。图 5-4（A）为 O/B-CDs 的 XPS 全谱图，C 1s（284.8eV）、N 1s（399.6eV）和 O 1s（531.7eV）是 XPS 全光谱中三个典型的峰。此外，C、N 和 O 的原子百分比分别为 69%、19.6% 和 11.4%。图 5-4（B）为 O/B-CDs 的 C 1s 谱图，可以看出 C 1s 存在 3 个拟合峰，分别为 284.8eV

（C=C/C—C）、285.91eV（C—N）和287.93eV（C=O）。图5-4（C）为O/B-CDs的N 1s谱图，分别在399.22eV（C—N=C）、399.65eV（C—N—C）和400.76eV（N—H）处出现三个峰。图5-4（D）为O/B-CDs的O 1s谱图，包含了三个典型的峰，分别位于531.35eV（C=O）、532.3eV（C—O—O/C—OH）和534.65eV（O—H）处。XPS分析结果与红外光谱分析结果一致，证明O/B-CDs表面存在多种官能团，这些官能团使其具有良好水溶性。

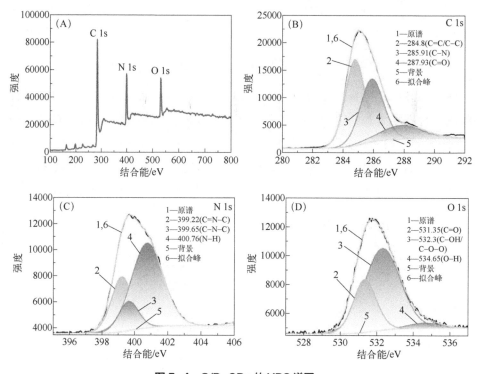

图5-4 O/B-CDs的XPS谱图

(A) 全谱；(B) C 1s 谱；(C) N 1s 谱；(D) O 1s 谱

为了探索O/B-CDs的光学性质，利用紫外-可见吸收光谱仪和荧光光谱仪对O/B-CDs溶液进行分析。如图5-5（A）所示，紫外吸收在232nm和289nm附近有两个吸收峰，分别来自C=C键的$\pi \rightarrow \pi^*$跃迁和C=O键的$n \rightarrow \pi^*$跃迁。O/B-CDs溶液在可见光下呈黄色，但在365nm的紫外光下呈橙黄色的荧光。此外，观察到O/B-CDs的最佳激发波长和最佳发射波长分别出现在416nm和560nm处。图5-5（B）为O/B-CDs在不同激发波长下的发射光谱图，当激发波长从360nm增加到450nm时，400nm附近的发射波长随激发波长的增加发生红移，而560nm处的发射峰波长没有发生改变。这种激发依赖的现象可能与 O/B-CDs 的尺寸效应和表面态有关[28]。测得 O/B-CDs 的荧光量子产率为 16.4%。

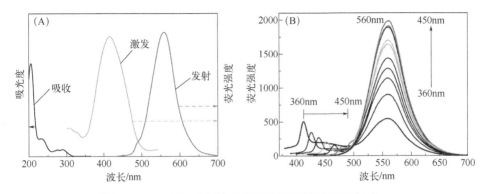

图 5-5 O/B-CDs 的紫外-可见吸收光谱和荧光光谱（A），O/B-CDs 在不同激发波长下的荧光发射光谱（B）

O/B-CDs 优异的稳定性是实际应用的基础，因此考察了离子强度和氙灯照射时间对 O/B-CDs 荧光强度的影响。如图 5-6（A）所示，将不同浓度的 NaCl 溶液加入 O/B-CDs 溶液中，O/B-CDs 的 F_{560}/F_{453} 基本没有发生变化，说明 O/B-CDs 具有良好的盐稳定性。接着又研究了氙灯照射时间对 O/B-CDs 荧光的影响。如图 5-6（B）所示，在 40min 内 O/B-CDs 的 F_{560}/F_{453} 数值维持稳定，证明 O/B-CDs 具有较好的光稳定性。

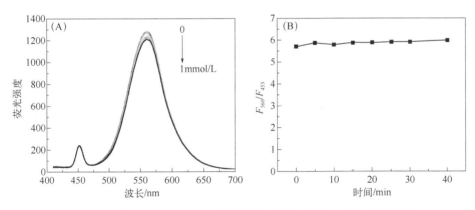

图 5-6 不同浓度 NaCl（A）和氙灯照射时间（B）对 O/B-CDs 荧光的影响

5.1.3 基于 O/B-CDs 的比率型荧光传感构建及对 L-谷氨酸的测定

基于 O/B-CDs 的比率型荧光传感构建：在比色皿中，依次加入 20μL O/B-CDs

（10mg/mL）、一定量的 L-Glu 溶液，并用去离子水稀释至 3mL，混匀后进行荧光测定。实验中激发波长为 390nm，发射波长范围为 400~700nm，激发和发射的狭缝宽度均为 5nm，电压为 700V。记录加入不同浓度 L-Glu 溶液后体系的 F_{560}/F_{453}，根据 F_{560}/F_{453} 和 L-Glu 的浓度建立线性关系。

实验条件优化：为了提高传感器检测 L-Glu 的灵敏度，对激发波长和孵育时间进行优化选择。如图 5-5（B）所示，激发波长的改变会使发射峰的强度和波长发生改变，为了获得较好的检测结果，最终选择 390nm 为激发波长进行后续的实验。在 O/B-CDs 溶液中加入 L-Glu 溶液，通过记录 40min 内的 F_{560}/F_{453} 值来探究最佳孵育时间。如图 5-7 所示，在 O/B-CDs 溶液中加入 L-Glu 后，O/B-CDs 的 F_{560}/F_{453} 比值急速下降并在 1min 后保持稳定。因此选择 1min 的孵育时间进行后续实验。综上所述，选择 390nm 的激发波长和 1min 的孵育时间作为最佳实验条件。

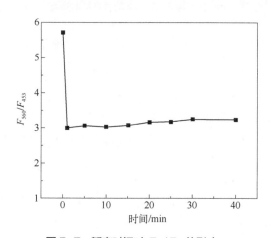

图 5-7 孵育时间对 F_{560}/F_{453} 的影响

将不同体积的 L-Glu 溶液加入 O/B-CDs 溶液中探究其线性关系。如图 5-8（A）所示，L-Glu 的加入会迅速使 O/B-CDs 在 560nm 处的荧光发射峰猝灭而对 453nm 处发射峰的荧光强度没有影响。通过计算 F_{560}/F_{453} 与 L-Glu 浓度的变化关系，发现 L-Glu 有两个浓度区间（0~200μmol/L 和 200~400μmol/L）存在良好的线性关系。如图 5-8（B）和（C）所示，线性方程分别为 $F_{560}/F_{453}= -0.0126[C]+5.6017$（$R^2=0.9931$）和 $F_{560}/F_{453}= -0.0065[C]+4.4099$（$R^2=0.9961$）。其中的[C]是 L-Glu 的浓度。LOD 由公式 LOD=$3s/k$ 计算，分别为 85nmol/L 和 99nmol/L，其中 k 为标准曲线的斜率，s 为空白溶液的标准偏差（$n=11$）。

考察了可能存在的离子和氨基酸对 F_{560}/F_{453} 的影响。在 O/B-CDs 溶液中加入

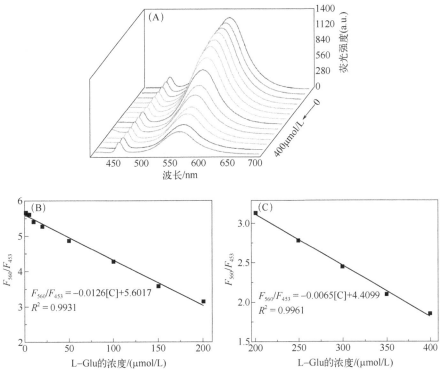

图 5-8 加入不同浓度 L-Glu 后 O/B-CDs 的荧光光谱变化（A），
F_{560}/F_{453} 与 L-Glu 浓度的两个线性关系（B 和 C）

不同的干扰物质如 DL-高半胱氨酸（DL-Hom）、苯丙氨酸（Phe）、丙氨酸（Ala）、蛋氨酸（Met）、亮氨酸（Leu）、色氨酸（Trp）、苏氨酸（Thr）、甘氨酸（Gly）、Ba^{2+}、K^+、Mg^{2+}、Mn^{2+}、Ca^{2+}、Co^{2+} 和 Na^+，观察 F_{560}/F_{453} 值变化。结果如图 5-9

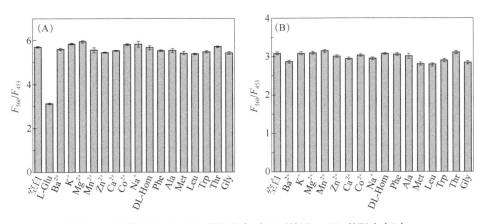

图 5-9 干扰物质对 F_{560}/F_{453} 的影响（A）和对检测 L-Glu 的影响（B）

（A）所示，只有 L-Glu 可以猝灭 O/B-CDs 的荧光，而其他干扰物质即使浓度是所添加 L-Glu 的 3 倍，F_{560}/F_{453} 值变化也可以忽略不计，表明该传感器对 L-Glu 具有很好的选择性。接着进行了竞争性实验，从图 5-9（B）中可以看出干扰物质的存在并不会影响 L-Glu 对 O/B-CDs 荧光的猝灭。因此，合成的 O/B-CDs 对 L-Glu 具有很好的选择性和抗干扰能力，可以作为一种简单、快速、灵敏的传感器用于 L-Glu 的检测。

选择新鲜的胎牛血清为测试样品来评价建立的传感器的实用性，将不同浓度（50μmol/L、100μmol/L 和 150μmol/L）的 L-Glu 溶液添加到血清中制备加标样品。测试过程中每个样品平行测定 5 次，实验结果如表 5-1 所示，回收率为 97.07%～103.7%，RSD≤4.52%。结果表明构建的传感器可以作为一种有效的方法用于实际样品中 L-Glu 的检测。

表 5-1　实际样品中 L-Glu 的测定结果

样品	加入量/(μmol/L)	测得量/(μmol/L)	回收率/%	RSD/%
1	50	51.86	103.70	3.14
2	100	102.49	102.49	2.07
3	150	145.61	97.07	4.52

5.1.4　O/B-CDs 对 L-谷氨酸的荧光传感机理

为了进一步阐释 L-Glu 对 O/B-CDs 的荧光猝灭机理，通过紫外-可见吸收光谱和荧光发射光谱对其光学性质进行研究。图 5-10（A）是 L-Glu 的紫外吸收和 O/B-CDs 的激发和发射光谱，可以看出 L-Glu 的吸收光谱和 O/B-CDs 的荧光光谱之间不存在重叠，因此排除了 IFE 和 FRET 机制[29]。接着对存在和不存在 L-Glu 时

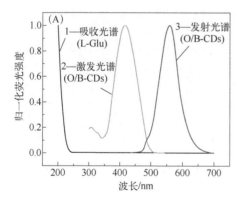
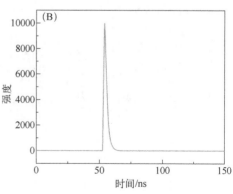

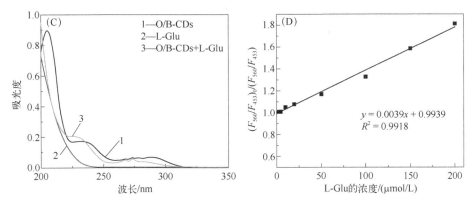

图 5-10 L-Glu 的紫外吸收光谱和 O/B-CDs 的激发和发射光谱（A），O/B-CDs 和 O/B-CDs+L-Glu 的荧光寿命（B），L-Glu、O/B-CDs 和 O/B-CDs+L-Glu 的紫外吸收光谱（C），O/B-CDs 荧光强度比与 L-Glu 浓度的线性关系（D）

O/B-CDs 的荧光寿命进行探究［图 5-10（B）］，发现其荧光寿命相同，基本没有发生变化，因此排除了会使荧光寿命发生改变的 DQE[30]。于是，推测 L-Glu 和 O/B-CDs 之间存在荧光寿命不会改变的 SQE。为了验证 SQE 机制，检测了 O/B-CDs、L-Glu 以及 O/B-CDs+L-Glu 的紫外光谱。如图 5-10（C）所示，在 O/B-CDs 溶液加入 L-Glu 后，O/B-CDs 在 205nm 的吸收峰消失，而原本位于 232nm 和 289nm 的吸收峰发生变化，证明猝灭机制为 SQE。

为了确认 O/B-CDs 和 L-Glu 之间存在 SQE，通过计算进一步验证。无论是 SQE 还是 DQE 都遵循 Stern-Volmer 方程：$F_0/F = 1 + K_{SV}[Q]$，其中 F_0 和 F 分别表示不存在和存在 L-Glu 时 O/B-CDs 的荧光强度比 $(F_{560}/F_{453})_0$ 和 (F_{560}/F_{453})。K_{SV} 为 Stern-Volmer 常数，[Q] 为 L-Glu 的浓度。

如图 5-10（D）所示，$(F_{560}/F_{453})_0/(F_{560}/F_{453})$ 和 L-Glu 浓度呈现良好的线性关系，$K_{SV}=3.9\times10^3$L/mol，$R^2=0.9918$。接着通过 $K_{SV}=K_q\tau_0$ 计算猝灭常数 K_q，其中 τ_0 表示 O/B-CDs 的荧光寿命，计算得 $K_q=1.86\times10^{12}$L/(mol·s)，这远远大于 DQE 常数 2×10^{10}L/(mol·s)，从而证实了 O/B-CDs 和 L-Glu 之间确实存在 SQE[31]。

5.2 碳量子点的色谱分离及其不同组分用于 Fe^{3+} 和 Hg^{2+} 的荧光传感

CDs 是粒径小于 10nm 的碳纳米颗粒，具有许多优良的性质，如好的光稳定性、强的化学惰性、良好的生物相容性和低的细胞毒性[32]。由于这些优良的性质，CDs

受到科学界和工业界的广泛关注。CDs 可以通过多种物质制备而成，例如：石墨[33]、多壁碳纳米管[34]、活性炭[35]、石墨烯[36]、炭黑[37]、自然界中的植物[38]和多种分子前驱体[39-41]。CDs 的低毒性，使得它有望取代传统的有毒的有机染料和重金属量子点，应用于生物医学和其他领域。CDs 独特的发光性能已经被广泛地应用在各个领域，尽管它的发光机制目前还在研究之中。CDs 表面形成的不同官能团对它的发光性质有着显著的影响。已有的发光机制认为 CDs 的发光与荧光共振能量转移[42]、表面缺陷形成的能量势陷以及边缘效应[32,43]有关。

目前对 CDs 的研究主要集中在合成、应用和性质的研究。合成的 CDs 产品大部分为不同 CDs 的混合物，包括颗粒大小的不同、表面所带官能团的组成和数量的差异，这些对 CDs 性质的全面研究带来诸多不便，同时也限制了它的应用范围。因此需要建立一种好的分析方法对不同的 CDs 进行分离，以便于进一步研究隐藏在混合物之中的不同 CDs 的性质，从而使不同的 CDs 得到充分有效的应用。笔者建立了一种新的分离方法对由一锅法合成的 CDs 进行了分离。目的就是对合成的 CDs 样品的混合物进行分离并收集不同的 CDs 组分，然后对分离出来的不同 CDs 组分进行表征和应用。

据笔者所知，对于 CDs 的分离，文献中报道的有凝胶电泳法[37]、毛细管电泳法[44-46]和阴离子交换高效液相色谱法[47,48]。这些方法既有优点也有缺点，凝胶电泳法可以通过不同的湍度和不同的颜色对不同的 CDs 进行分离，但是分离效率低；毛细管电泳法虽然分离效率高，但是由于它的进样量少，对不同组分收集起来比较费时间。阴离子交换高效液相色谱法由于它的进样量高，很容易对不同组分进行收集，但是它需要比较贵的离子交换色谱柱，需要醋酸盐和碳酸盐作为洗脱液，它的分离主要是依赖洗脱液的不同 pH 值，前期条件的筛选比较耗时间。此外，阴离子交换色谱柱只能分离带电的物质，不能分离中性的碳纳米颗粒。因此，需要建立一种更好的分离方法对 CDs 进行分离和收集。

反相高效液相色谱法是一种重要的分离技术，能用来分离带电的和中性的物质，分离效率高，成本低。本研究利用反相高效液相色谱法对合成的 CDs 样品混合物进行了分离，并结合紫外吸收、荧光光谱法、透射电子显微镜和质谱法对分离出来的 CDs 样品的不同组分进行表征，研究了 CDs 不同组分的光学性质、形态特征和化学组成。发现 CDs 样品的每种组分都有其独特的性质，如果只是专注于研究合成的 CDs 样品混合物，那么这些不同的性质将不会被发现。同时精确地测定了每种组分的荧光量子产率，并且把荧光量子产率高的组分作为荧光探针用于 Fe^{3+}

和 Hg^{2+} 的测定。建立的高效液相色谱法不仅开拓了对 CDs 不同组分性质的研究，而且还可以将荧光量子产率高的组分筛选出来应用于生物成像和荧光传感等领域。

5.2.1 CDs 的制备、分离及表征

试剂来源：五氧化二磷（P_2O_5）和 2,5-二羟基苯甲酸（DHB，98%）购自 Sigma 公司；冰醋酸（HAc）和盐酸（HCl）购自 Fisher Chemical 公司；N-乙酰-L-半胱氨酸（NAc, 99%）购自国际实验室；溴化钾（KBr）购自 Aldrich 公司；甲醇（MeOH）购自 Labscan 公司；$Fe(NO_3)_3$、$Ca(NO_3)_2$、$MnCl_2$、$Al(NO_3)_3$、$Ba(NO_3)_2$、$AgNO_3$、$Pb(NO_3)_2$、$HgCl_2$、$Co(NO_3)_2$、$Cu(NO_3)_2$、$Zn(NO_3)_2$、$Ni(NO_3)_2$、$Cr(NO_3)_2$、$Cd(NO_3)_2$、KNO_3、$NaNO_3$ 和 $Mg(NO_3)_2$ 购自 Sinopharm 公司。实验用所有试剂都为分析纯，且在使用过程中不做任何处理。实验用水均为超纯水，由 Millipore Milli-Q-RO4 超纯水净化系统（Bedford, MA, USA）提供。

CDs 采用自催化反应得到，整个反应过程不需要任何外界条件的辅助。具体制备如下：将不同质量（0、0.15g、0.2g、0.3g、0.5g、0.8g）的 NAc 溶解于 1.0mL HAc 和 80μL 超纯水的混合液中，超声 30min，得到澄清溶液。然后迅速加入盛有 2.5g P_2O_5 的 25mL 烧杯中，无须搅动。整个合成过程在通风橱中进行，以防止吸入挥发出来的 HAc。反应结束后，冷却 10min，得到深褐色的固体粗产品。将所得粗产品分散在水中并装入醋酸纤维膜透析袋（1000Da），在 2L 的超纯水中透析一周时间。从透析袋中取出 CDs 粗产品的悬浮液，高速离心（8000r/min）15min，去除上清液。将沉淀物冷冻干燥，分别得到不同的 CDs 固体产品。

分离方式：用高效液相色谱法对合成的 CDs 样品混合物进行分离，高效液相色谱仪由 2695 分离模块和 2475 多波长荧光检测器构成。荧光色谱图是在激发/发射波长（$\lambda_{ex}/\lambda_{em}$）为 300nm/450nm 下获得。CDs 溶于甲醇制得进样样品浓度为 0.1mg/mL，在进样前用 0.22μm 的微孔滤膜过滤，进样量为 10μL。流动相由水和 MeOH 组成，在使用前用 0.45μm 的滤膜过滤。色谱柱温度为 25℃，流速为 0.8mL/min。梯度洗脱顺序为 0～10min，0～45% MeOH；10～20min，45%～50% MeOH；20～50min，50%～80% MeOH；50～60min，80%～100% MeOH。

表征方法：用 Lambda35 紫外-可见吸收光谱仪（PerkinElmer, USA）和 F-2500 荧光光谱仪（Hitachi, Japan）对 CDs 样品的光学性质进行表征。用 Tecnai F30 透射电子显微镜（FEI, USA）对 CDs 样品的形貌和粒径分布进行表征。用 Nicolet 8700

型红外光谱仪（Thermo Fisher，USA）对 CDs 样品的表面基团进行表征。用 Escalab 250 X 射线光电子能谱仪（Thermo Fisher，USA）对 CDs 样品的元素组成和官能团进行表征。用 Autoflex Ⅱ型基质辅助激光解吸/离子化时间飞行质谱仪（Bruker，Germany）对不同 CDs 组分的碎片离子和表面官能团进行表征。

CDs 样品和 CDs 不同组分的荧光量子产率的测定（采用参比法）：将适量的硫酸奎宁溶于 0.1mol/L 硫酸溶液配制硫酸奎宁参比溶液。分别测定硫酸奎宁、CDs 样品的甲醇溶液及 CDs 组分水溶液的紫外吸光度，为避免溶液浓度过高产生自猝灭而带来的误差，紫外吸光度均小于 0.1[41,49]。测定硫酸奎宁、CDs 样品在激发波长 370nm 下的荧光光谱，在发射波长 390~650nm 范围内，对荧光光谱的峰面积进行积分。测定硫酸奎宁、CDs 不同组分在 λ_{ex}=350nm 下的荧光光谱，在 λ_{em} 为 370~650nm 范围内，对荧光光谱的峰面积进行积分。按照公式 $\Phi_S=\Phi_R(Grad_S/Grad_R)(\eta_S/\eta_R)^2$ 计算荧光量子产率。其中，Φ 表示量子产率，S 表示样品，R 表示参比物质，Grad 是荧光峰面积对紫外吸光度的斜率，η 是溶剂的折射率。已知，硫酸奎宁的荧光量子产率是 0.54，水的折射率是 1.33。

5.2.2 CDs 及不同 CDs 组分的性能研究

通过改变 NAc 与 HAc 的摩尔比（0、0.005、0.007、0.01、0.015 和 0.025），合成了 6 种不同的 CDs，发现 NAc 与 HAc 的摩尔比为 0.025 时，合成的 CDs 具有较强的荧光，因此选择 NAc/HAc 为 0.025 时合成的 CDs 进行接下来的表征和研究。

图 5-11（A）是 CDs 样品甲醇溶液的紫外-可见吸收光谱和荧光发射光谱图。CDs 样品的紫外-可见吸收光谱在 210nm 处有吸收峰，这是由 C=C 骨架组成的共轭体系中 C=C 的 $\pi\rightarrow\pi^*$ 跃迁引起的[50,51]；在 250nm 处有明显的吸收峰，这是由于 CDs 样品中有多重芳环结构的形成[52-55]；在 300nm 处一个宽的吸收峰，这是由 C=O 基团中 $n\rightarrow\pi^*$ 跃迁引起的[50,51,55]。CDs 样品在 300nm 激发下的荧光发射光谱在 330nm 处有小的荧光发射峰，480nm 处有大的荧光发射峰出现。CDs 样品溶液在日光灯下呈透明的浅黄色，在紫外灯的照射下发出黄绿色的荧光。图 5-11（B）是 CDs 的甲醇溶液在不同激发波长下的荧光光谱，当激发波长由 340nm 增加到 500nm 时，发射波长由 457nm 红移至 550nm。发射波长对激发波长的依赖性与文献报道的其他 CDs 相一致[56-63]。这可能是由于合成的 CDs 粒径不均一，在不同的激发波长下，不同粒径的 CDs 被激发，还与 CDs 表面有多个发射位点有关[64,65]。此外，用硫酸奎宁作为参比物，测得了 CDs 样品的荧光量子产率。图 5-11（C）和（D）是 CDs

样品和硫酸奎宁在不同吸光度下的荧光峰面积，其对紫外吸光度的斜率分别是 3.94 和 53.66，测得 CDs 样品的荧光量子产率为 4.65%。

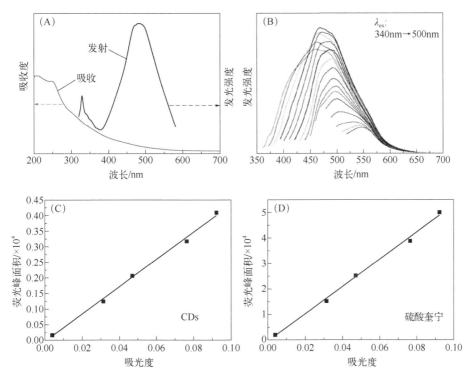

图 5-11　CDs 样品甲醇溶液的紫外-可见吸收光谱和荧光发射光谱图（A），CDs 的甲醇溶液在不同激发波长下的荧光光谱（B），CDs 样品（C）和硫酸奎宁（D）在不同吸光度下的荧光峰面积

通过红外光谱对 CDs 样品的表面基团进行了表征。图 5-12 是 CDs 样品的红外光谱图，在 3427cm^{-1} 处有明显的吸收峰，对应于 O—H 的伸缩振动峰。2925cm^{-1} 和 2856cm^{-1} 处的峰为 C—H 的伸缩振动峰。1656cm^{-1}、1602cm^{-1} 和 1404cm^{-1} 处的峰分别为 C=O 的伸缩振动峰、C=C 的伸缩振动峰和 CH_3 的面内弯曲振动峰[42]。此外，发现在 2360cm^{-1} 和 2333cm^{-1} 处有明显的吸收峰，对应于磷酸中 P—OH 的弯曲振动峰，表明在合成的 CDs 样品表面连有磷酸基团。1182cm^{-1}、1034cm^{-1} 和 862cm^{-1} 处的峰分别为 P=O、P—O—C 和 P—O—H 的伸缩振动峰[66]。从以上分析测试结果可以看出，CDs 表面含有大量的以 sp^3（C—C），sp^2（C=C）和 sp^2（C=O）形式存在的 C 原子和含磷基团。

为了进一步分析 CDs 样品的表面性能及元素组成，对 CDs 样品进行了 XPS 表征。图 5-13（A）是 CDs 样品的 XPS 全能谱，在 534eV、401eV、287eV、230eV、

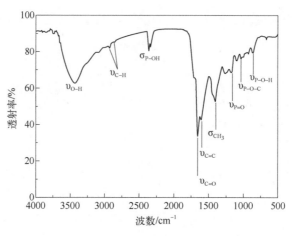

图 5-12 CDs 样品的红外光谱图

166eV 和 135eV 处有六个峰，分别对应于 O 1s、N 1s、C 1s、S 2s、S 2p 和 P 2p，表明合成的 CDs 样品主要由 C、O、S、N 和 P 五种元素组成，同时进一步证明了 N 和 S 已经成功地从 NAc 引入到合成的 CDs。另外，由图 5-13（A）可知，N 1s、S 2s 和 S 2p 的能谱峰强度较弱，表明只有少量的 N 和 S 对合成的 CDs 进行了掺杂。图 5-13（B）是 C 1s 的 XPS 谱图，分峰处理后得到五个峰，电子结合能在 284.2eV、286.1eV、286.8eV、288.4eV 和 290.8eV 处，分别对应于 C=C、C—O、C—OH、C—O—C 和 O=C—OH[33,67,68]。图 5-13（C）是 O 1s 的 XPS 谱图，分峰处理后得到三个峰，电子结合能在 532.1eV、533.7eV 和 535.3eV 处，分别对应于 C=O、O—C—C 和 O=C—OH[67,69,70]。图 5-13（D）是 N 1s 的 XPS 谱图，分峰处理后得到三个峰，电子结合能在 399.7eV、401.5eV 和 403.4eV 处，分别对应于 C—N—C、N—H 和 N—O[67,71,72]。图 5-13（E）是 S 2p 的 XPS 谱图，分峰处理后得到两个峰，电子结合能在 165.6eV 和 169.3eV 处，分别对应于 C—S 和 S—O[67,73,74]。图 5-13（F）是 P 2p 的 XPS 谱图，

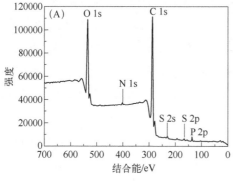
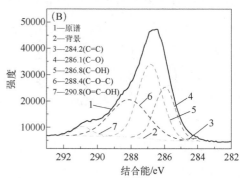

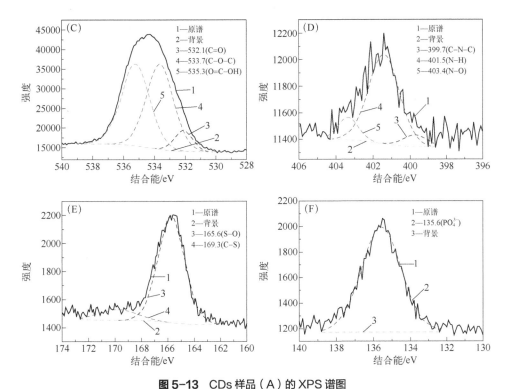

图 5-13 CDs 样品（A）的 XPS 谱图

(A) 全谱; (B) C 1s 谱; (C) O 1s 谱; (D) N 1s 谱; (E) S 2p 谱; (F) P 2p 谱

134.5eV 处的电子结合能对应于 PO_4^{3-}。由此可以看出，CDs 表面存在大量的 C=C、C-O、C=O、C-OH、COOH 和 PO_4^{3-}，这与红外光谱分析结果相一致。此外，XPS 结果进一步证明了合成的 CDs 含有少量的 N 和 S，而这一结果通过红外光谱是无法发现的。

已有研究表明，N 和 S 对 CDs 的掺杂是提高其荧光强度的有效途径[75-77]。因此，通过改变初始反应物 NAc 与 HAc 的摩尔比合成了一系列不同的 CDs，并采用高效液相色谱法对它们分别进行了分离。图 5-14（A）是 NAc 与 HAc 在不同摩尔比下合成的 CDs 的荧光色谱图。从图中可以看到至少有 16 个色谱峰被很好地分离，表明合成的 CDs 是相对复杂的混合物，由不同种类的 CDs 组分组成。同时也说明了建立的高效液相色谱荧光检测法能成功地用于合成的 CDs 复杂混合物的分离。星号标记的色谱峰是 N 和 S 掺杂的碳量子点（N,S-CDs），因为初始反应物中没有 NAc 时，这种色谱峰就不会被观察到。当 NAc 与 HAc 的摩尔比由 0.005 增加到 0.025 时，N,S-CDs 色谱峰的强度也在逐渐增大，这表明有越来越多的 N,S-CDs 形成，而其他色谱峰基本没有什么改变。在这些合成的 CDs 产品中，当 NAc 与 HAc 的摩尔比为 0.025 时，生成的具有较强荧光的 N,S-CDs 最多，因此选择 NAc/HAc 为 0.025 时合成的 CDs 进行接下来的研究。为了对合成的 CDs 的性质有更好的了解，收集了图 5-14（B）中标记的 16 个组分，进一步通过紫外可见吸收、荧光光谱、透射电子显微镜和质谱分别对 16 个组分进行表征。

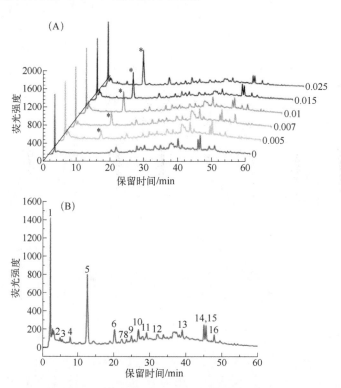

图 5-14 NAc 与 HAc 在不同摩尔比下合成的 CDs 的荧光色谱图（A），NAc 与 HAc 在摩尔比为 0.025 时合成的 CDs 放大的荧光色谱图（B）

图 5-15 是 CDs 组分 1～16 的紫外吸收光谱和荧光光谱图。从图中可以看出，所有的 CDs 组分在 202～208nm 之间有强的紫外吸收峰，这是由 C=C 骨架组成的共轭体系中 C=C 的 $\pi \rightarrow \pi^*$ 跃迁引起的。在 250～300nm 之间有一个宽的吸收峰，这是由 C=O 基团中 $n \rightarrow \pi^*$ 跃迁引起的。对于组分 5，在 229nm 处有明显的吸收峰，这可能与 N 和 S 对 CDs 的掺杂有关。CDs 组分 1～3、7～13 和 16 的荧光具有激发光依赖性，当激发波长在 320～500nm 时，CDs 组分 1～3、7～13 和 16 的最大发射波长随着激发波长的增大而发生红移。而组分 4～6、14 和 15 的荧光具有对激发光的不完全依赖性。组分 4，激发波长在 320～340nm 范围内的发射波长为 412nm，当激发波长在 360～500nm 时，发射波长随着激发波长的增大而发生红移；组分 5，

激发波长在 320～360nm 范围内的发射波长为 420nm,当激发波长在 380～500nm 时,发射波长随着激发波长的增大而发生红移;组分 6,激发波长在 320～360nm 范围内的发射波长为 449nm,当激发波长在 380～500nm 时,发射波长随着激发波长的增大而发生红移;组分 14,激发波长在 320～380nm 范围内的发射波长为 445nm,当激发波长在 400～500nm 时,发射波长随着激发波长的增大而发生红移;组分 15,激发波长在 320～380nm 范围内的发射波长为 446nm,当激发波长在 400～

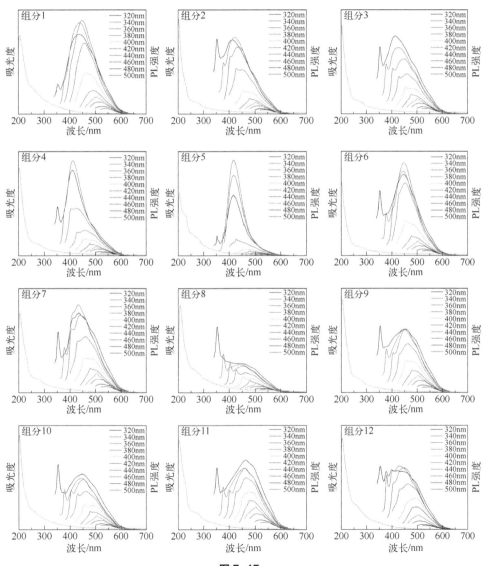

图 5-15

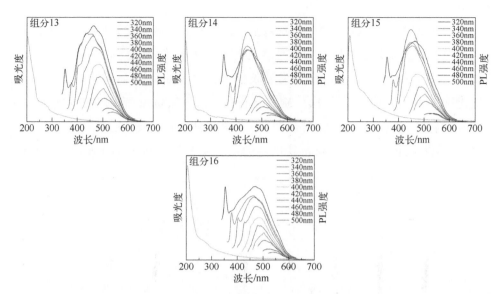

图 5-15 CDs 组分 1~16 的紫外-可见吸收光谱和荧光光谱图

500nm 时，发射波长随着激发波长的增大而发生红移。可以看出 CDs 组分 1~16 的荧光发射光谱都是不同的，这可能是由于每个组分的化学结构、颗粒大小和晶格间距是不同的。表 5-2 是组分 1~16 的荧光量子产率，从表中可以看出，每种组分都有不同的荧光量子产率，它们的范围在 0.82%~8.12%之间。因此，断定合成的 CDs 样品是由多种不同种类的 CDs 组成的混合物。而每种 CDs 组分都有自己独特的光学性质和不同的荧光量子产率。这与之前的判断一致。

表 5-2 组分 1~16 的荧光量子产率（Φ_s）

组分	1	2	3	4	5	6	7	8
Φ_s/%	8.12	1.05	0.82	1.34	6.58	3.21	2.05	1.16
组分	9	10	11	12	13	14	15	16
Φ_s/%	2.09	2.13	2.04	1.81	1.38	1.97	2.36	1.37

本实验用质谱对 CDs 组分 1~16 进行了分析，图 5-16 是 CDs 组分 1~16 的质谱图，组分 1~16 的所有质谱峰的出峰位置都低于 4200。星号标记的为组分 1~16 的最大分子量的质谱峰，由此可以估测出 CDs 组分 1~16 的相对分子量范围在 2757~4144。除了个别外，HPLC 的洗脱顺序基本上是按照分子质量由小到大。CDs 是由 sp^2 杂化的碳核组成的[78,79]，碳核粒径的增大也意味着组成 CDs 的 C 原子数目的增多。此外，也有报道表明颗粒的粒径大小与颗粒的质量大小是成正比的[80]。因此，在色谱分离条件下，随着 CDs 质量或者粒径的增大，CDs 与 C_8 色谱柱中的固

定相作用也在逐渐增强。像组分3和组分7没有按照分子质量由小到大的顺序出峰，由此，可以推断出CDs的分离不仅是由其分子质量和粒径大小决定的，还与其形状、表面所带的官能团有关。

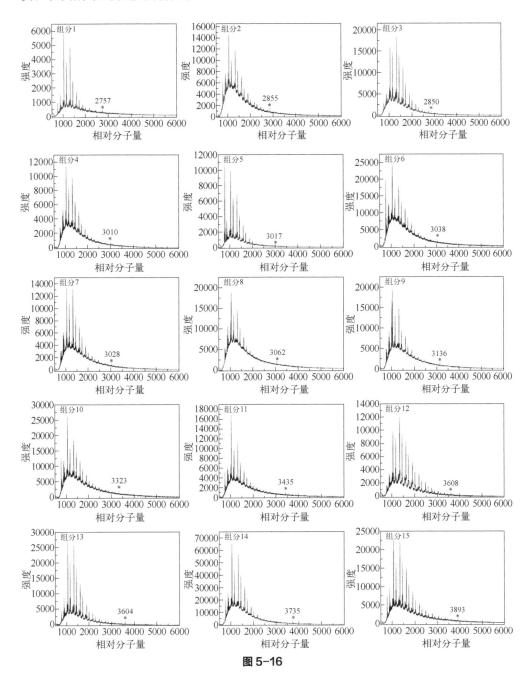

图 5-16

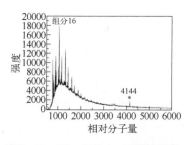

图 5-16 CDs 组分 1~16 的质谱图

图 5-17 是 CDs 组分 1、5、6 和 14 在相对分子量为 1000~1400 范围的质谱峰放大图,从图中可以看出,所有组分的质谱图上都有 3 个可重复的大的质量差值 112、172 和 284,分别对应于 CH_5PO_4、$C_3H_9PO_6$ 和 $C_4H_{14}P_2O_{10}$ 片段,图 5-17 中的插图分别是它们的化学结构式。此外,从图中还可以观察到一系列小的可重复的质量差值 12、15、17、31、32、43 和 45,分别对应于 C、CH_3、OH、P、CH_3OH、$COCH_3$ 和 COOH。这些小的可重复的质量差值在组分 1~16 中都有发现。而另外一些可重复的质量差值 14、15、33 和 58 分别对应于 N、NH、SH 和 CH_3CONH 只

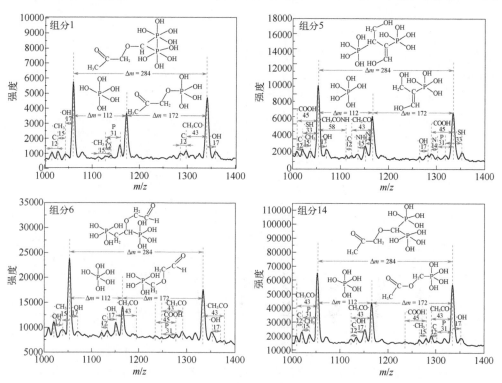

图 5-17 CDs 组分 1、5、6 和 14 在相对分子质量为 1000~1400 范围的质谱峰放大图

在组分 5 中发现,在其他组分的质谱图中均没有发现。这进一步表明组分 5 是 N,S-CDs,其表面含有氨基和巯基。通过以上质谱分析,对 CDs 组分 1~16 的表面组成有了进一步的了解,这与红外光谱和 XPS 测定结果相一致。

TEM 是表征纳米颗粒尺寸大小和形貌的最重要手段。组分 1、5、6、10、14 和 15 在色谱图中具有强的荧光信号,表明这些组分中 CDs 的浓度相对较高,比较容易获得它们的 TEM 图。图 5-18 是这六种组分的 TEM 图和每种组分相应的粒径

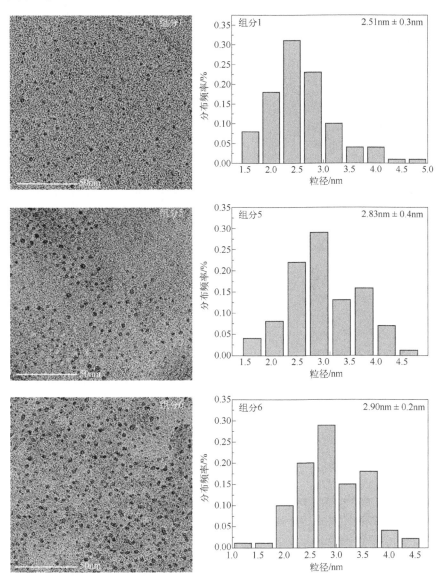

图 5-18

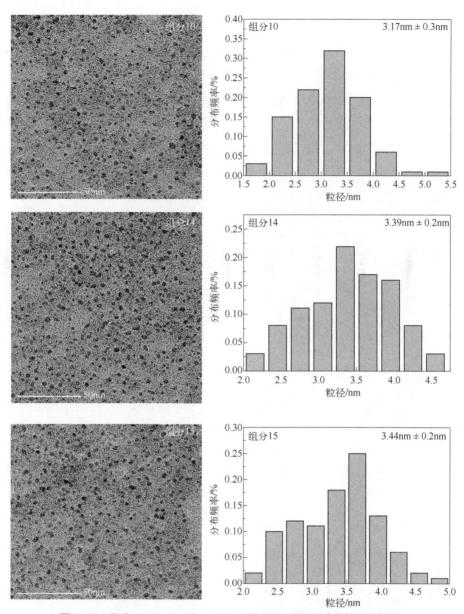

图 5-18 组分 1、5、6、10、14 和 15 的 TEM 图及相应的粒径分布图

分布图。平均粒径大小顺序为组分 1（2.51nm）< 组分 5（2.83nm）< 组分 6（2.90nm）< 组分 10（3.17nm）< 组分 14（3.39nm）< 组分 15（3.44nm）。TEM 结果表明合成的 CDs 产品是由不同粒径的 CDs 组成，从色谱柱中流出的 CDs 组分的粒径是由小到大逐渐增大的。CDs 在色谱柱中按粒径大小的洗脱顺序与文献报道的其他纳米颗粒的洗脱顺序一致[81]。

5.2.3 CDs组分对Fe^{3+}和Hg^{2+}的荧光传感

高效液相色谱是一种重要的分离技术，不仅可以分离不同种类的CDs，而且可以从CDs的混合物中收集荧光强度高的CDs组分。在CDs的所有组分中，组分1和5具有高的荧光量子产率，分别为8.12%和6.58%，并且具有好的水溶性，而CDs样品混合物的荧光量子产率仅为4.65%，且难溶于水。此外，组分1和5具有不同的化学组成，组分1是未掺杂的CDs，组分5是N,S-CDs。由于组分1和5都具有高的荧光量子产率、好的水溶性且化学组成不同，进一步考察了组分1和5用于金属离子检测的可行性。发现加入Fe^{3+}后，组分1的荧光发生显著的猝灭，图5-19（A）是加入不同浓度的Fe^{3+}后，组分1在$\lambda_{ex}/\lambda_{em}$为350/436nm的荧光光谱。如图所示，随着$Fe^{3+}$浓度的增加，组分1的荧光发射峰强度逐渐减弱。组分1的荧光猝灭受Fe^{3+}浓度的影响符合Stern-Volmer方程：$F_0/F = K_{SV}[C]+1$，其中F_0和F分别是未加入Fe^{3+}和加入Fe^{3+}后组分1的荧光强度，K_{SV}是Stern-Volmer常数，[C]是溶液中Fe^{3+}的浓度。图5-19（B）是F_0/F与Fe^{3+}浓度的关系图，从图5-19（B）中的插图可以看到，Fe^{3+}浓度在0.1~10μmol/L内与F_0/F呈良好的线性关系，线性方程为$F_0/F=0.2173[C]+1$，相关系数r为0.9988，LOD为31.5nmol/L（S/N=3）。说明组分1可作为荧光探针用于Fe^{3+}的检测。

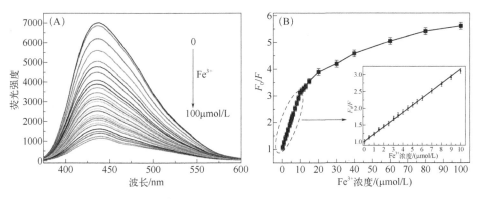

图5-19 加入不同浓度的Fe^{3+}后，组分1在$\lambda_{ex}/\lambda_{em}$为350/436nm的荧光光谱（A），$F_0/F$与$Fe^{3+}$浓度的关系图（B）

同样考察了组分5用于金属离子检测的可行性。发现加入Fe^{3+}和Hg^{2+}后，组分5的荧光发生显著的猝灭，图5-20（A）和（C）分别是加入不同浓度的Fe^{3+}和Hg^{2+}后，组分5在$\lambda_{ex}/\lambda_{em}$为350/420nm的荧光光谱。如图所示，随着$Fe^{3+}$和$Hg^{2+}$浓度的增加，组分5的荧光发射峰强度逐渐减弱。图5-20（B）是F_0/F与Fe^{3+}浓度的关

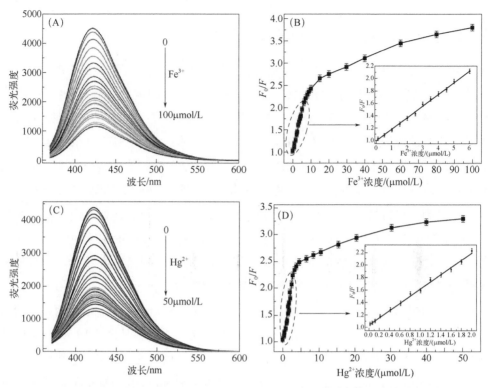

图 5-20 分别加入不同浓度的 Fe^{3+}、Hg^{2+} 后，组分 5 在 $\lambda_{ex}/\lambda_{em}$ 为 350nm/420nm 的荧光光谱（A，C），F_0/F 与 Fe^{3+}、Hg^{2+} 浓度的关系图（B，C）

系图，从图 5-20（B）中的插图可以看到，Fe^{3+} 浓度在 0.1～6μmol/L 内与 F_0/F 呈良好的线性关系，线性方程为 $F_0/F=0.1869[C]+1$，相关系数 r 为 0.9986，LOD 为 49.6nmol/L（S/N=3）。图 5-20（D）是 F_0/F 与 Hg^{2+} 浓度的关系图，从图 5-20（D）中的插图可以看到，Hg^{2+} 浓度在 0.01～2μmol/L 内与 F_0/F 呈良好的线性关系，线性方程为 $F_0/F=0.6041[C]+1$，相关系数 r 为 0.9985，LOD 为 15.3nmol/L（S/N=3）。由此可以得出结论，组分 5 可作为荧光探针用于 Fe^{3+} 和 Hg^{2+} 的检测。

此外，为了检验组分 1 和 5 对 Fe^{3+} 和 Hg^{2+} 的检测要优于 CDs 样品混合物，在相同实验条件下，进一步考察了 Fe^{3+} 和 Hg^{2+} 的浓度对 CDs 样品混合物、组分 1 和 5 荧光强度的影响。图 5-21（A）和（B）分别为低浓度和高浓度的 Fe^{3+} 和 Hg^{2+} 对 CDs 样品混合物、组分 1 和 5 荧光强度的影响。如图所示，发现不论是低浓度还是高浓度的 Fe^{3+} 对组分 1 和 5 荧光的猝灭程度都大于 CDs 样品混合物。Hg^{2+} 能使组分 5 的荧光强度发生显著的下降，而对 CDs 样品混合物的荧光强度基本没什么影响。以上结果表明，作为荧光探针，组分 1 对 Fe^{3+} 的检测及组分 5 对 Fe^{3+} 和 Hg^{2+}

的检测均优于 CDs 样品混合物。

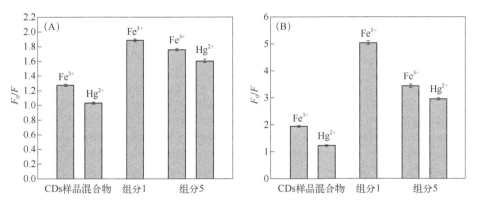

图 5-21 低浓度（A）和高浓度（B）的 Fe^{3+} 和 Hg^{2+} 对 CDs 样品混合物、组分 1 和 5 荧光强度的影响

低浓度：4.0μmol/L Fe^{3+} 和 1μmol/L Hg^{2+}；高浓度：60μmol/L Fe^{3+} 和 20μmol/L Hg^{2+}；CDs 样品混合物的激发和发射波长分别为 370nm 和 480nm；组分 1 的激发和发射波长分别为 350nm 和 436nm；组分 5 的激发和发射波长分别为 350nm 和 420nm

为了检验组分 1 和 5 对 Fe^{3+} 和 Hg^{2+} 的选择性，考察了一些常见的金属离子（Ni^{2+}、Co^{2+}、Cr^{2+}、Ba^{2+}、Cd^{2+}、Mn^{2+}、K^+、Ca^{2+}、Na^+、Ag^+、Cu^{2+}、Mg^{2+}、Al^{3+}、Zn^{2+} 和 Pb^{2+}）对组分 1 和 5 荧光强度的影响。如图 5-22 所示，发现 Fe^{3+} 对组分 1 的荧光强度有显著的影响，Fe^{3+} 和 Hg^{2+} 能使组分 5 的荧光强度发生显著的下降，而其他金属离子对组分 1 和 5 的荧光影响较小。实验结果表明，组分 1 对 Fe^{3+} 有高的选择性，组分 5 对 Fe^{3+} 和 Hg^{2+} 有高的选择性。组分 1 和 5 对 Fe^{3+} 高的选择性，根据已有文献报道[82-84]，是由于 Fe^{3+} 与 CDs 表面的羟基和羧基有强的相互作用力，使得部

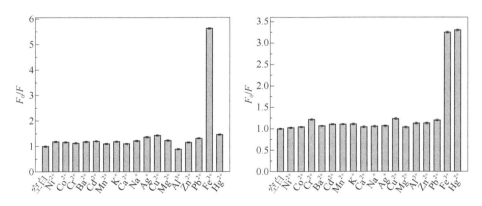

图 5-22 不同金属离子对组分 1 和 5 荧光强度的影响

组分 1：所有金属离子的浓度均为 100μmol/L；组分 5：所有金属离子的浓度均为 50μmol/L

分处于激发态的电子转移到 Fe^{3+} 的 d 轨道发生无辐射电子跃迁导致荧光猝灭[83]。组分 5 对 Hg^{2+} 高的选择性是由于 Hg^{2+} 与 N,S-CDs 表面的巯基有强的亲和作用，通过一个有效的电子转移过程来促进无辐射电子复合，从而使荧光发生猝灭[85]。

参考文献

[1] Şanlı N, Tague S. E, Lunte C. Analysis of amino acid neurotransmitters from rat and mouse spinal cords by liquid chromatography with fluorescence detection[J]. J Pharm Biomed Anal, 2015, 107: 217-222.

[2] Soldatkin O, Nazarova A, Krisanova N, et al. Monitoring of the velocity of high-affinity glutamate uptake by isolated brain nerve terminals using amperometric glutamate biosensor[J]. Talanta, 2015, 135: 67-74.

[3] Zhang Y, Cao J, Ding L. Fluorescent ensemble based on dansyl derivative/SDS assemblies as selective sensor for Asp and Glu in aqueous solution[J]. J PhotoChem Photobiol A, 2017, 333: 56-62.

[4] Liang B, Zhang S, Lang Q, et al. Amperometric L-glutamate biosensor based on bacterial cell-surface displayed glutamate dehydrogenase[J]. Anal Chim Acta, 2015, 884: 83-89.

[5] Lee S, Kim S J, Bang E, et al. Chiral separation of intact amino acids by capillary electrophoresis-mass spectrometry employing a partial filling technique with a crown ether carboxylic acid[J]. J Chromatogr A, 2019, 1586: 128-138.

[6] Ajito K, Han C, Torimitsu K. Detection of glutamate in optically trapped single nerve terminals by raman spectroscopy[J]. Anal Chem, 2004, 76(9): 2506-2510.

[7] Alam M M, Rahman M M, Uddin M T, et al. Development of l-glutamic acid biosensor with ternary $ZnO/NiO/Al_2O_3$ nanoparticles[J]. J Lumin, 2020, 227: 117528.

[8] Burmeister J J, Gerhardt G A. Self-referencing ceramic-based multisite microelectrodes for the detection and elimination of interferences from the measurement of l-glutamate and other analytes[J]. Anal Chem, 2001, 73(5): 1037-1042.

[9] Dong X. Y, Niu X Q, Zhang Z Y, et al. Red fluorescent carbon dot powder for accurate latent fingerprint identification using an artificial intelligence program[J]. ACS Appl Mater Interfaces, 2020, 12(26): 29549-29555.

[10] Wang J, Li Q, Zheng J, et al. N,B-codoping induces high-efficiency solid-state fluorescence and dual emission of yellow/orange carbon dots[J]. ACS Sustain Chem Eng, 2021, 9: 2224-2236.

[11] Yang S T, Cao L, Luo P G, et al. Carbon dots for optical imaging in vivo[J]. J Am Chem Soc, 2009, 131(32): 11308-11309.

[12] Kou E, Yao Y, Yang X, et al. Regulation mechanisms of carbon dots in the development of lettuce and tomato[J]. ACS Sustain Chem Eng, 2021, 9: 944-953.

[13] Liu Y, Tian Y, Tian Y, et al. Carbon-dot-based nanosensors for the detection of intracellular redox state[J]. Adv Mater, 2015, 27(44): 7156-7160.

[14] Li J, Hu Z E, We Y J, et al. Multifunctional carbon quantum dots as a theranostic nanomedicine for fluorescence imaging-guided glutathione depletion to improve chemodynamic therapy[J]. J Colloid Interface Sci, 2022, 606: 1219-1228.

[15] Zhao J, Huang M, Zhang L, et al. Unique approach to develop carbon dot-based nanohybrid near-infrared ratiometric fluorescent sensor for the detection of mercury ions[J]. Anal Chem, 2017, 89 15: 8044-8049.

[16] Dong Y, Cai J, Fang Q, et al. Dual-emission of lanthanide metal-organic frameworks encapsulating carbon-based dots for ratiometric detection of water in organic solvents[J]. Anal Chem, 2016, 88(3):

1748-1752.

[17] Gao J P, Yao R X, Chen X. H, et al. Blue luminescent N,S-doped carbon dots encapsulated in red emissive Eu-MOF to form dually emissive composite for reversible anti-counterfeit ink[J]. Dalton Trans, 2021, 50(5): 1690-1696.

[18] Shokri R, Amjadi M. A ratiometric fluorescence sensor for triticonazole based on the encapsulated boron-doped and phosphorous-doped carbon dots in the metal organic framework[J]. SpectroChim Acta A: Mol BioMol Spectrosc, 2021, 246: 118951.

[19] Chen H, Xie Y, Kirillov A M, et al. A ratiometric fluorescent nanoprobe based on terbium functionalized carbon dots for highly sensitive detection of an anthrax biomarker[J]. Chem Commun, 2015, 51(24): 5036-5039.

[20] Singh H, Sidhu J S, Mahajan D K, et al. A carbon quantum dot and rhodamine-based ratiometric fluorescent complex for the recognition of histidine in aqueous systems[J]. Mater Chem Front, 2019, 3(3): 476-483.

[21] Liu W, Wang X, Wang Y, et al. Ratiometric fluorescence sensor based on dithiothreitol modified carbon dots-gold nanoclusters for the sensitive detection of mercury ions in water samples[J]. Sens Actuators B: Chem, 2018, 262: 810-817.

[22] An J, Chen R, Chen M, et al. An ultrasensitive turn-on ratiometric fluorescent probes for detection of Ag^+ based on carbon dots/SiO_2 and gold nanoclusters[J]. Sens Actuators B: Chem, 2020, 329: 129097.

[23] Song W W, Duan W, Liu Y, et al. Ratiometric detection of intracellular lysine and pH with one-pot synthesized dual emissive carbon dots[J]. Anal Chem, 2017, 89 24: 13626-13633.

[24] Lesani P, Singh G, Viray C M, et al. Two-photon dual-emissive carbon dot-based probe: deep tissue imaging and ultrasensitive sensing of intracellular ferric ions[J]. ACS Appl Mater Interfaces, 2020, 12 (16): 18395-18406.

[25] Xu L, Fang G, Liu J, et al. One-pot synthesis of nanoscale carbon dots-embedded metal-organic frameworks at room temperature for enhanced chemical sensing[J]. J Mater Chem A, 2016, 4(41): 15880-15887.

[26] Han Z X, Zhang X B, Li Z, et al. Efficient fluorescence resonance energy transfer-based ratiometric fluorescent cellular imaging probe for Zn^{2+} using a rhodamine spirolactam as a trigger[J]. Anal Chem, 2010, 82: 3108-3113.

[27] Liu J, Chen Y, Wang L, et al. Modification-free fabricating ratiometric nanoprobe based on dual-emissive carbon dots for nitrite determination in food samples[J]. J Agric Food Chem, 2019, 67(13): 3826-3836.

[28] Liu X, Li T, Hou Y, et al. Microwave synthesis of carbon dots with multi-response using denatured proteins as carbon source[J]. RSC Adv, 2016, 6(14): 11711-11718.

[29] Hu Q, Pan Y, Gong X, et al. A sensitivity enhanced fluorescence method for the detection of ferrocyanide ions in foodstuffs using carbon nanoparticles as sensing agents[J]. Food Chem, 2020, 308: 125590.

[30] Bhatt M, Bhatt S, Vyas G, et al. Water-dispersible fluorescent carbon dots as bioimaging agents and probes for Hg^{2+} and Cu^{2+} ions[J]. ACS Appl Nano Mater, 2020.

[31] Pawar S, Kaja S, Nag A. Red-emitting carbon dots as a dual sensor for In(3+) and Pd(2+) in water[J]. ACS Omega, 2020, 5(14): 8362-8372.

[32] Baker S N, Baker G A. Luminescent carbon nanodots: emergent nanolights[J]. Angew Chem Int Ed, 2010, 49(38): 6726-6744.

[33] Sun Y P, Zhou B, Lin Y, et al. Quantum-sized carbon dots for bright and colorful photoluminescence[J]. J Am Chem Soc, 2006, 128(24): 7756-7757.

[34] Zhou J, Booker C, Li R, et al. An electrochemical avenue to blue luminescent nanocrystals from multiwalled

carbon nanotubes (MWCNTs)[J]. J Am Chem Soc, 2007, 129(4): 744-745.

[35] Dong Y, Zhou N, Lin X, et al. Extraction of electrochemiluminescent oxidized carbon quantum dots from activated carbon[J]. Chem Mater, 2010, 22: 5895-5899.

[36] Pan D, Zhang J, Li Z, et al. Hydrothermal route for cutting graphene sheets into blue-luminescent graphene quantum dots[J]. Adv Mater, 2010, 22(6): 734-738.

[37] Liu H, Ye T, Mao C. Fluorescent carbon nanoparticles derived from candle soot[J]. Angew Chem Int Ed, 2007, 46(34): 6473-6475.

[38] Zhu L, Yin Y, Wang C F, et al. Plant leaf-derived fluorescent carbon dots for sensing, patterning and coding[J]. J Mater Chem C, 2013, 1(32): 4925-4932.

[39] Zhu H, Wang X, Li Y, et al. Microwave synthesis of fluorescent carbon nanoparticles with electrochemiluminescence properties[J]. Chem Commun, 2009, (34): 5118-5120.

[40] Wang F, Pang S, Wang L, et al. One-step synthesis of highly luminescent carbon dots in noncoordinating solvents[J]. Chem Mater, 2010, 22: 4528-4530.

[41] Hsu P C, Chang H T. Synthesis of high-quality carbon nanodots from hydrophilic compounds: role of functional groups[J]. Chem Commun, 2012, 48(33): 3984-3986.

[42] Fang Y, Guo S, Li D, et al. Easy synthesis and imaging applications of cross-linked green fluorescent hollow carbon nanoparticles[J]. ACS Nano, 2012, 6(1): 400-409.

[43] Wang L, Zhu S J, Wang H Y, et al. Common origin of green luminescence in carbon nanodots and graphene quantum dots[J]. ACS Nano, 2014, 8(3): 2541-2547.

[44] Baker J S, Colón L A. Influence of buffer composition on the capillary electrophoretic separation of carbon nanoparticles[J]. J Chromatogr A, 2009, 1216(52): 9048-9054.

[45] Hu Q, Paau M C, Zhang Y, et al. Capillary electrophoretic study of amine/carboxylic acid-functionalized carbon nanodots[J]. J Chromatogr A, 2013, 1304: 234-240.

[46] Vinci J C, Colon L A. Fractionation of carbon-based nanomaterials by anion-exchange HPLC[J]. Anal Chem, 2012, 84(2): 1178-1183.

[47] Liu L, Feng F, Hu Q, et al. Capillary electrophoretic study of green fluorescent hollow carbon nanoparticles[J]. Electrophoresis, 2015, 36(17): 2110-2119.

[48] Vinci J C, Ferrer I M, Seedhouse S J, et al. Hidden properties of carbon dots revealed after HPLC fractionation[J]. J Phys Chem Lett, 2013, 4(2): 239-243.

[49] Zhai X, Zhang P, Liu C, et al. Highly luminescent carbon nanodots by microwave-assisted pyrolysis[J]. Chem Commun, 2012, 48(64): 7955-7957.

[50] Eda G, Lin Y Y, Mattevi C, et al. Blue photoluminescence from chemically derived graphene oxide[J]. Adv Mater, 2010, 22(4): 505-509.

[51] Paredes J I, Villar-Rodil S, Martínez-Alonso A, et al. Graphene oxide dispersions in organic solvents[J]. Langmuir, 2008, 24(19): 10560-10564.

[52] Yu S J, Kang M W, Chang H C, et al. Bright fluorescent nanodiamonds: no photobleaching and low cytotoxicity[J]. J Am Chem Soc, 2005, 127(50): 17604-17605.

[53] Desai N. Challenges in development of nanoparticle-based therapeutics[J]. AAPS J, 2012, 14(2): 282-295.

[54] Chang Y R, Lee H Y, Chen K, et al. Mass production and dynamic imaging of fluorescent nanodiamonds[J]. Nat Nanotechnol, 2008, 3(5): 284-288.

[55] Mondal S, Das T, Ghosh P, et al. Exploring the interior of hollow fluorescent carbon nanoparticles[J]. J Phys Chem C, 2013, 117: 4260-4267.

[56] Liu C, Zhang P, Tian F, et al. One-step synthesis of surface passivated carbon nanodots by microwave assisted pyrolysis for enhanced multicolor photoluminescence and bioimaging[J]. J Mater Chem, 2011, 21(35): 13163-13167.

[57] Peng H, Travas-Sejdic J J C O M. Simple aqueous solution route to luminescent carbogenic dots from carbohydrates[J]. Chem Mater, 2009, 21: 5563-5565.

[58] Qiao Z A, Wang Y, Gao Y, et al. Commercially activated carbon as the source for producing multicolor photoluminescent carbon dots by chemical oxidation[J]. Chem Commun, 2010, 46(46): 8812-8814.

[59] Zheng H, Wang Q, Long Y, et al. Enhancing the luminescence of carbon dots with a reduction pathway[J]. Chem Commun, 2011, 47(38): 10650-10652.

[60] Bourlinos A B, Stassinopoulos A, Anglos D, et al. Surface functionalized carbogenic quantum dots[J]. Small, 2008, 4(4): 455-458.

[61] Bourlinos A. B, Zbořil R, Petr J, et al. Luminescent surface quaternized carbon dots[J]. Chem Mater, 2011, 24(1): 6-8.

[62] Liu Y, Liu C Y, Zhang Z Y. Synthesis and surface photochemistry of graphitized carbon quantum dots[J]. J Colloid Interface Sci, 2011, 356(2): 416-421.

[63] Li Q, Ohulchanskyy T Y, Liu R, et al. Photoluminescent carbon dots as biocompatible nanoprobes for targeting cancer cells in vitro[J]. J Phys Chem C, 2010, 114: 12062-12068.

[64] Tang L, Ji R, Cao X, et al. Deep ultraviolet photoluminescence of water-soluble self-passivated graphene quantum dots[J]. ACS Nano, 2012, 6(6): 5102-5110.

[65] Long Y M, Zhou C H, Zhang Z L, et al. Shifting and non-shifting fluorescence emitted by carbon nanodots[J]. J Med Chem, 2012, 22(13): 5917-5920.

[66] Wang W, Li Y, Cheng L, et al. Water-soluble and phosphorus-containing carbon dots with strong green fluorescence for cell labeling[J]. J Mater Chem B, 2014, 2(1): 46-48.

[67] Bhunia S K, Saha A, Maity A R, et al. Carbon nanoparticle-based fluorescent bioimaging probes[J]. Sci Rep, 2013, 3(1): 1473.

[68] Felten A, Bittencourt C, Pireaux J J. Gold clusters on oxygen plasma functionalized carbon nanotubes: XPS and TEM studies[J]. Nanotechnology, 2006, 17(8): 1954.

[69] Yue Z R, Jiang W, Wang L, et al. Surface characterization of electrochemically oxidized carbon fibers[J]. Carbon, 1999, 37(11): 1785-1796.

[70] László K, Tombácz E, Josepovits K. Effect of activation on the surface chemistry of carbons from polymer precursors[J]. Carbon, 2001, 39(8): 1217-1228.

[71] Liu S, Tian J, Wang L, et al. Hydrothermal treatment of grass: a low-cost, green route to nitrogen-doped, carbon-rich, photoluminescent polymer nanodots as an effective fluorescent sensing platform for label-free detection of Cu(II) ions[J]. Adv Mater, 2012, 24(15): 2037-2041.

[72] Lu W, Qin X, Liu S, et al. Economical, green synthesis of fluorescent carbon nanoparticles and their use as probes for sensitive and selective detection of mercury(II) ions[J]. Anal Chem, 2012, 84(12): 5351-5357.

[73] Xu J, Sahu S, Cao L, et al. Efficient fluorescence quenching in carbon dots by surface-doped metals-disruption of excited state redox processes and mechanistic implications[J]. Langmuir, 2012, 28(46): 16141-16147.

[74] Yang S, Zhi L, Tang K, et al. Efficient synthesis of heteroatom (N or S)-doped graphene based on ultrathin graphene oxide-porous silica sheets for oxygen reduction reactions[J]. Adv Funct Mater, 2012, 22(17): 3634-3640.

[75] Dong Y, Pang H, Yang H B, et al. Carbon-based dots co-doped with nitrogen and sulfur for high quantum yield and excitation-independent emission[J]. Angew Chem Int Ed, 2013, 52(30): 7800-7804.

[76] Liang Q, Ma W, Shi Y, et al. Easy synthesis of highly fluorescent carbon quantum dots from gelatin and their luminescent properties and applications[J]. Carbon, 2013, 60: 421-428.

[77] Xu Y, Wu M, Liu Y, et al. Nitrogen-doped carbon dots: a facile and general preparation method, photoluminescence investigation, and imaging applications[J]. Chem Eur J, 2013, 19(7): 2276-2283.

[78] Zhu B, Sun S, Wang Y, et al. Preparation of carbon nanodots from single chain polymeric nanoparticles and theoretical investigation of the photoluminescence mechanism[J]. J Mater Chem C, 2013, 1(3): 580-586.

[79] Tian L, Ghosh D, Chen W, et al. Nanosized carbon particles from natural gas soot[J]. Chem Mater, 2009, 21.

[80] Kim B H, Hackett M J, Park J, et al. Synthesis, characterization, and application of ultrasmall nanoparticles[J]. Chem Mater, 2014, 26: 59-71.

[81] Zhang Y, Shuang S, Dong C, et al. Application of HPLC and MALDI-TOF MS for studying as-synthesized ligand-protected gold nanoclusters products[J]. Anal Chem, 2009, 81(4): 1676-1685.

[82] Wang D, Wang L, Dong X, et al. Chemically tailoring graphene oxides into fluorescent nanosheets for Fe^{3+} ion detection[J]. Carbon, 2012, 50(6): 2147-2154.

[83] Wesp E F, Brode W R. The absorption spectra of ferric compounds. I. the ferric chloride-phenol reaction[J]. J Am Chem Soc, 1934, 56: 1037-1042.

[84] Sahoo S K, Sharma D, Bera R K, et al. Iron(3+) selective molecular and supramolecular fluorescent probes[J]. Chem Soc Rev, 2012, 41(21): 7195-7227.

[85] Guo Y, Wang Z, Shao H, et al. Hydrothermal synthesis of highly fluorescent carbon nanoparticles from sodium citrate and their use for the detection of mercury ions[J]. Carbon, 2013, 52: 583-589.

第6章

药物成分和染色剂的碳量子点荧光传感

随着经济和文明的不断发展，现代人类对于环境保护和人类健康等领域越来越重视。因此，对一些环境污染物和药物的高效分析检测有着重大意义。设计合成新型的纳米材料应用于化学生物传感，结合传统的分析方法如荧光分析法具有的高选择性、高灵敏度和简单易行等优势，可以为分析化学的发展提供新的思路，在环境污染治理和人类疾病的治疗等方面有着更多的应用前景。本部分内容，以 CDs 作为荧光探针，着重探讨了 CDs 在药物成分和有毒染色剂检测方面的潜在应用价值。

6.1 红色和黄色双波长发射碳量子点用于盐酸莫西沙星的荧光传感

盐酸莫西沙星（moxifloxacin hydrochloride，MFH）是一种氟喹诺酮类抗生素，具有革兰氏阴性和革兰氏阳性抗菌活性。MFH 强大的抗菌活性和较低的毒性，使它在临床试验中发挥着重要的作用[1-3]。MFH 被用于治疗急性细菌性鼻窦炎、皮肤感染和慢性支气管炎等疾病[4]。然而，过度使用 MFH 会产生一些副作用，如急性多发性关节炎、角膜炎、肾功能不全和眼充血[5-8]。因此，需要建立高效、灵敏的 MFH 检测方法。目前已经有许多方法用于 MFH 检测，包括毛细管电泳法[9]、动力学分光光度法[1]、电化学法[10,11]、高效液相色谱法[12,13]。虽然这些方法可以用于 MFH 的检测，但它们大多需要昂贵的仪器设备、复杂的预处理和专业的操作人员。

近年来，荧光传感由于具有响应快、信号稳定、操作简单等优点，在分析检测领域发挥了举足轻重的作用。而 CDs 优异的光致发光特性，使其在分析检测中得到了广泛的应用。许多基于 CDs 的探针已被广泛用于小分子、金属离子和 pH 的检测。但是大多数探针只有一个响应信号,这使得测定结果容易受到外部环境的影响。而具有两个或多个信号的比率型探针(包括响应信号和参比信号)比只有一个响应信号的传统探针更受青睐。比率型探针可以消除背景干扰,并具有自校准功能,可大大提高实验的精确度。基于双波长发射 CDs 的比率型传感器引起了研究人员的极大兴趣,做了大量研究工作。例如,Bai 课题组[14]合成的双发射 N-CDs 可以灵敏地检测多巴胺,通过两个荧光峰对多巴胺的敏感度不同,可以实现比率传感。Huang 等人[15]构建了具有两个荧光信号的碳量子点(d-CDs),两个相反的响应信号使其可以灵敏地检测 Cu^{2+}。

本研究以对苯二胺和水杨酸为原料,经水热法合成了尺寸均匀、分散良好、水溶性好且具有红色和黄色双波长发射的碳量子点(R/Y-CDs)。在 440nm 的激发波长下,R/Y-CDs 在 515nm 和 588nm 处有两个发射信号。MFH 可以显著增强 R/Y-CDs 在 515nm 处的荧光强度,而 588nm 处的荧光强度变化较小,因此可以构建一个用于 MFH 测定的比率型荧光传感器(图 6-1)。研究发现,在 0.1~18μmol/L 浓度范围内 F_{515}/F_{588} 与 MFH 具有良好的线性关系。将该传感器用于胎牛血清中 MFH 的检测,具有好的准确度和精密度。

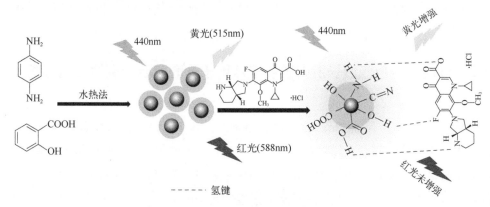

图 6-1 R/Y-CDs 的合成及对 MFH 的检测

6.1.1 R/Y-CDs 的制备与表征

试剂来源:水杨酸和对苯二胺购自天津富辰化学试剂有限公司;罗丹明 B 购自天津市化学试剂批发公司;氯霉素(CHL)、灰黄霉素(DRI)、四环素(TET)、氨苄西林(AMP)、大霉素(SPE)、土霉素(TER)、阿莫西林(AMO)、赤霉素(GIB)、红霉素（ERY）、硫胺霉素（THI）、盐酸多西环素（DOX）、盐酸莫西沙星（MFH）、NaCl、KCl、CaCl$_2$、BaCl$_2$、ZnCl$_2$、AlCl$_3$、MgCl$_2$ 和胎牛血清购自上海麦克林生化有限公司。实验用水均为超纯水，由 Millipore Milli-Q-RO4 超纯水净化系统（Bedford，MA，USA）提供。实验所用试剂皆为分析纯，且在使用过程中不做任何处理。

R/Y-CDs 的制备：以对苯二胺和水杨酸为原料，采用简单的水热法制备 R/Y-CDs。首先，将 0.12g 水杨酸加热溶解于 20mL 水中，然后在澄清溶液中加入 0.1g 对苯二胺。接下来，将混合均匀的溶液转移到 50mL 高压反应釜内并在 180℃ 下反应 8h。待反应结束，反应釜冷却至室温，将红色溶液在 6500r/min 下离心 15min，之后用滤膜（0.22μm）过滤。最后，将得到的红色溶液冷冻干燥，得到 R/Y-CDs 固体粉末。

表征方法：用 Lambda35 紫外-可见吸收光谱仪（PerkinElmer，USA）和 QM8000 稳态/瞬态荧光光谱仪（Horiba Science，Japan）对 R/Y-CDs 样品的光学性质进行表征。用 Tecnai F30 透射电子显微镜（FEI，USA）对 R/Y-CDs 样品的形貌和粒径分布进行表征。用 Nicolet 8700 型红外光谱仪（Thermo Fisher，USA）对 R/Y-CDs 样品的表面基团进行表征。用 Escalab 250 X 射线光电子能谱仪（Thermo Fisher，USA）对 R/Y-CDs 样品的元素组成和官能团进行表征。

6.1.2 R/Y-CDs 的性能研究

通过 TEM 测试来表征 R/Y-CDs 的形貌和尺寸。如图 6-2（A）所示，R/Y-CDs 呈准球形，分布均匀，并无聚集现象。R/Y-CDs 的粒径大小由 Nano measure 软件统计。从图 6-2（B）可知，R/Y-CDs 的平均粒径为 2.31nm，粒径分布在 0.98～4.2nm 之间。

利用 IR 对 R/Y-CDs 的结构组成进行了研究。R/Y-CDs 的红外光谱图如图 6-3 所示，3467.35cm^{-1} 和 3371.43cm^{-1} 是 O—H 和 N—H 的伸缩振动峰。2885.71cm^{-1} 是 C—H 的伸缩振动峰。1628.57cm^{-1} 和 1595.92cm^{-1} 是 C=O 和 C=C 的伸缩振动峰。1514.29cm^{-1} 和 1379.59cm^{-1} 是 C—N 和 C—O 伸缩振动峰。1126.53cm^{-1} 是 C—O 伸缩振动峰。N—H 的弯曲振动出现在 826.53cm^{-1} 处。红外光谱结果表明 R/Y-CDs 表面含有多种官能团，如-NH$_2$、-OH 和-COOH。

利用 XPS 分析了 R/Y-CDs 的元素组成和表面官能团。如图 6-4（A）所示，R/Y-CDs 的 XPS 全谱图上有 285.35eV、399.96eV 和 532.38eV 三个明显的电子结合

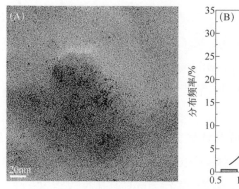
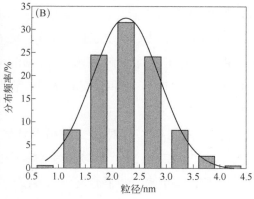

图6-2 R/Y-CDs的TEM图（A）和粒径分布（B）

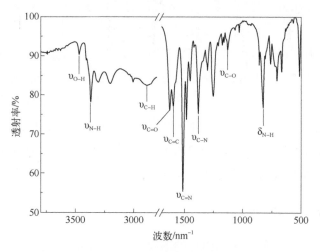

图6-3 R/Y-CDs的红外谱图

能峰，分别对应C 1s（74.06%）、N 1s（15.10%）和O 1s（10.84%）。C 1s的高分辨谱［图6-4（B）］在284.8eV（C—C/C=C）、286.09eV（C—N/C—O）、288.05eV（C=N）和290.62eV（COOH）处出现了4个特征峰。N 1s的高分辨谱［图6-4（C）］在399.18eV（C=N）和400.72eV（C—N）处出现了两个峰。O 1s的高分辨谱［图6-4（D）］在531.36eV、532.75eV和533.83eV处出现的三个峰分别归属于C=O、C—O和O—H。XPS分析结果与红外光谱结果一致，表明R/Y-CDs表面含有—OH、—NH$_2$和—COOH基团，这些亲水性基团使R/Y-CDs具有良好的水溶性。

为了详细了解R/Y-CDs的光学性质，测定了R/Y-CDs的荧光光谱和紫外-可见吸收光谱。如图6-5（A）所示，紫外吸收在236nm和297nm处的峰来源于C=C键的$\pi \rightarrow \pi^*$跃迁和C=O键的$n \rightarrow \pi^*$跃迁，而在524nm处产生的吸收峰是由表面态缺陷引起的[16]。R/Y-CDs 溶液在 365nm 紫外灯照射下呈橙红色荧光,在日光下呈红色。通过激发波长的改变(420~470nm)研究了 R/Y-CDs 的荧光光谱。如图 6-5(B)所示,R/Y-CDs 具有双发射特性。当激发波长由 420nm 增加到 470nm 时,500nm

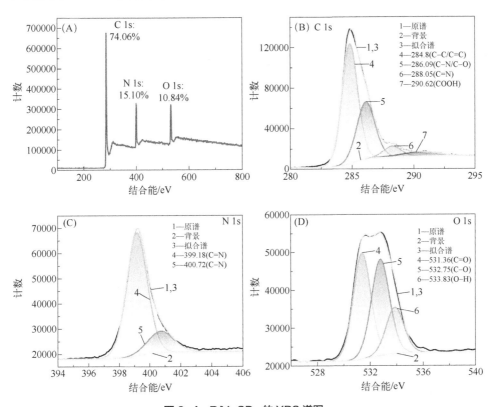

图 6-4　R/Y-CDs 的 XPS 谱图

(A)全谱;(B)C 1s 谱;(C)N 1s 谱;(D)O 1s 谱

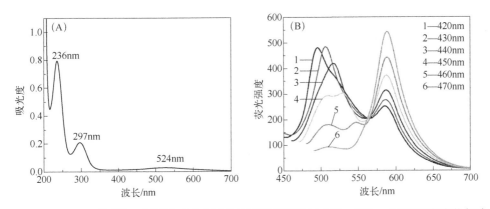

图 6-5　R/Y-CDs 的紫外-可见吸收光谱(A)和在不同激发波长(420~470nm)下的发射光谱(B)

附近的发射峰发生红移，588nm 处的发射波长没有变化。发射峰红移的现象是由红边效应和官能团诱导造成的[17,18]。

此外，还从耐盐和耐光漂白两方面考察了 R/Y-CDs 的稳定性。如图 6-6（A）所示，随着 NaCl 浓度由 0 增加到 1mmol/L，R/Y-CDs 的 F_{515}/F_{588} 值基本保持不变，表明 R/Y-CDs 对盐溶液具有良好的耐受性。R/Y-CDs 的光稳定性测试通过将溶液放置于氙灯照射的环境中监测，结果如图 6-6（B）所示，连续照射 120min 后 R/Y-CDs 的 F_{515}/F_{588} 没有发生明显变化，表明 R/Y-CDs 具有良好的光稳定性。因此，R/Y-CDs 具有较好的稳定性，为之后实验的进行提供了良好的基础。

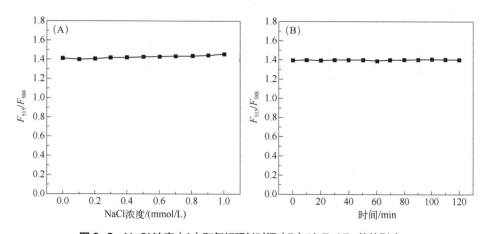

图6-6　NaCl 浓度（A）和氙灯照射时间（B）对 F_{515}/F_{588} 值的影响

6.1.3　基于 R/Y-CDs 的比率型荧光传感构建及对盐酸莫西沙星的测定

基于 R/Y-CDs 的比率型荧光传感构建：取 60μL R/Y-CDs 溶液（5mg/mL）与不同浓度的 MFH 溶液混合，用超纯水稀释至 3mL。室温孵育 30s 后，在 440nm 激发波长下记录荧光光谱。实验中激发和发射狭缝均为 10nm。

测定条件的优化选择：从图 6-5（B）中可以发现激发波长的改变对 R/Y-CDs 发射峰的波长以及荧光强度都有一定程度的影响，为了在实验中获得更合适的荧光强度比，最终选择了荧光强度较强的 440nm 作为后续研究的激发波长。在 0～120min 的时间范围内，研究了在 R/Y-CDs 溶液中加入 MFH 后的最佳孵育时间。从图 6-7 可以看出，加入 MFH 30s 后 F_{515}/F_{588} 的值便趋于稳定。所以，后续研究中 R/Y-CDs 与 MFH 的孵育时间选择为 30s。

在室温下，研究了不同浓度 MFH 对 R/Y-CDs 荧光强度的影响。从图 6-8（A）

可以看出，当使用不同浓度的 MFH 与 R/Y-CDs 溶液混合时，随着 MFH 浓度的增大，R/Y-CDs 在 515nm 处的荧光强度明显增强而 588nm 处的荧光强度变化不明显，这一现象说明 R/Y-CDs 可以对 MFH 进行比率型检测。通过线性拟合发现，在 0.1～2μmol/L 和 2～18μmol/L 浓度范围内，MFH 与 F_{515}/F_{588} 呈现出两个良好的线性关系。

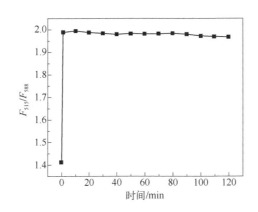

图 6-7　孵育时间对 F_{515}/F_{588} 的影响

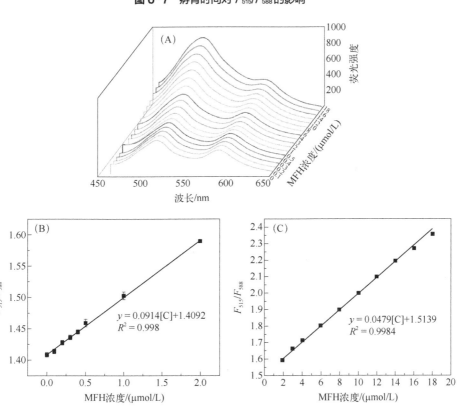

图 6-8　加入不同浓度 MFH 后 R/Y-CDs 的荧光光谱（A），F_{515}/F_{588} 与 MFH 浓度的线性关系（B 和 C）

如图 6-8（B）和（C）所示，线性方程分别为：F_{515}/F_{588}= 0.0914[C]+1.4092（R^2=0.9984）和 F_{515}/F_{588}=0.0479[C]+1.5139（R^2=0.9984），其中[C]为 MFH 浓度。MFH 的检出限 LOD 由公式 LOD=3s/k（k 为标准曲线的斜率，s 为空白溶液的标准偏差，n=11）计算，分别为 30nmol/L 和 57nmol/L。

高的选择性和特异性是实现传感器对目标物准确分析的基础。选择在 R/Y-CDs 溶液中引入不同的干扰物，分析 R/Y-CDs 对 MFH 的选择性和特异性。实验中使用的干扰物质浓度均是 MFH 的 3 倍。如图 6-9（A）所示，单独考察每种干扰物及 MFH 对 R/Y-CDs 荧光强度的影响，发现只有 MFH 对 R/Y-CDs 荧光强度有影响，说明 R/Y-CDs 对 MFH 有很好的选择性。之后将 MFH 和各个干扰物混合之后一起加入 R/Y-CDs 溶液中，发现干扰物混合前后，荧光强度变化一致[图 6-9（B）]。说明 R/Y-CDs 对 MFH 的检测具有良好的抗干扰性。

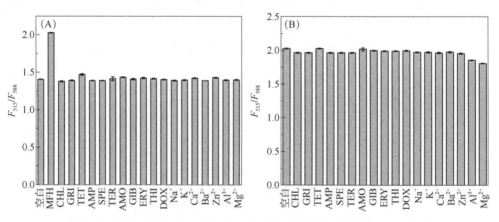

图 6-9 干扰物对 F_{515}/F_{588} 的影响（A），干扰物对 MFH 检测的影响（B）

以胎牛血清为检测对象，研究了传感器检测 MFH 的实用性。胎牛血清用超纯水稀释 100 倍，放入冰箱保存。通过在血清中添加不同浓度的 MFH 制备加标样品。实验用 60μL 的 R/Y-CDs 溶液（5mg/mL）与 2.94mL 的血清样品溶液混合，记录 R/Y-CDs 的 F_{515}/F_{588}。根据线性方程计算血清样品中 MFH 的含量。结果如表 6-1

表 6-1 实际样品中 MFH 的测定结果

样品	加入量/(μmol/L)	测得量/(μmol/L)	回收率/%	RSD/%
1	0.5	0.53	104.98	0.34
2	1	0.99	99.52	0.19
3	1.5	1.42	94.72	1.25

所示，3 个样品的加标回收率在 94.72%～104.98%之间，RSD≤1.25%（n=5）。以上结果表明该传感器可成功应用于复杂生物样品中 MFH 的检测。

6.1.4 R/Y-CDs 对盐酸莫西沙星的荧光传感机理

推测 MFH 使 R/Y-CDs 荧光增强的机理可能与 R/Y-CDs 与 MFH 之间形成的分子间氢键有关。首先，红外光谱和 XPS 数据表明，R/Y-CDs 表面有许多基团，如 $-NH_2$、$-OH$ 和 $-COOH$。此外，MFH 表面含有 $-COOH$、$C-F$、$C=N$ 和 $C=O$ 基团。这些电负性很大的原子为氢键的形成提供了可能，如图 6-10（A）。为了验证 R/Y-CDs 与 MFH 之间形成了分子间氢键，对 R/Y-CDs 和 R/Y-CDs+MFH 的红外光谱进行了分析。由图 6-10（B）可知，R/Y-CDs 的 O—H 振动在 3467.35cm^{-1} 处，R/Y-CDs+MFH

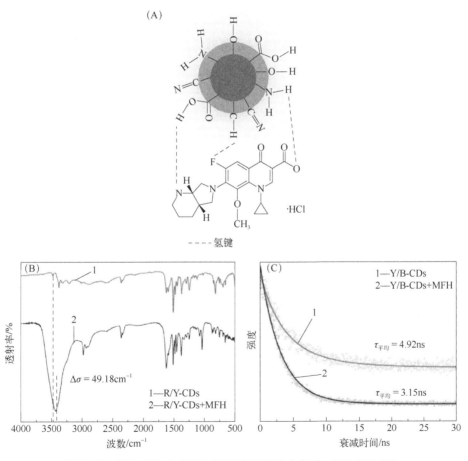

图 6-10 R/Y-CDs 与 MFH 分子间氢键的形成（A），R/Y-CDs 和 R/Y-CDs+MFH 的红外光谱图（B）及荧光寿命（C）

的 O–H 振动在 3418.17cm^{-1} 处，移动了 49.18cm^{-1}。表明 R/Y-CDs 和 MFH 之间确实形成了分子间氢键。此外，为了进一步弄清楚 MFH 对 R/Y-CDs 荧光行为的影响，研究了 R/Y-CDs 和 R/Y-CDs+MFH 的荧光寿命。从图 6-10（C）可以看出，在 MFH 存在下，R/Y-CDs 的荧光寿命从 4.92ns 下降到 3.15ns。表明 MFH 的加入增加了 R/Y-CDs 的辐射跃迁中心数量，从本质上增强了 R/Y-CDs 的荧光发射[19]。

6.2 黄绿色荧光碳量子点用于刚果红的荧光传感

刚果红是一种典型的基于联苯胺结构的阴离子偶氮染料。刚果红通常用于化妆品、印刷、造纸、食品、皮革和纺织工业[20,21]。刚果红染色工艺耗水量大，由于刚果红具有复杂的芳香结构，其废水具有难降解、污染严重、有机物含量高、色度高等特点[22-24]。此外，刚果红被发现具有剧毒，其代谢产物联苯胺是一种众所周知的致癌物质，可在生物体内引起癌变[25]。由于以上特性，刚果红对环境和人类健康带来一定的危害和风险。目前，刚果红的分析方法主要有高效液相色谱-紫外检测法[26,27]、紫外-可见分光光度法[28,29]和电化学法[30]。然而，大多数方法不仅耗时长、操作复杂、选择性差、灵敏度低，而且需要专业的操作人员和昂贵的仪器设备。因此，迫切需要建立一种简便、经济、快速、灵敏度高的方法用来检测刚果红。

近年来，荧光检测法以其操作简单、响应快速、成本低廉而被广泛用于生物化学传感领域。CDs 是一种新型环保的荧光纳米材料，其尺寸在 10nm 以下，具有一些重要的特征，如低毒性、高荧光强度、耐光漂白性和良好的生物相容性等。这些独一无二的性质使 CDs 被广泛用于传感[31,32]、药物递送[33]、生物成像[34]和发光器件[35]等领域。目前，基于 CDs 优异的光学特性已构建了大量的荧光传感器用于不同物质的检测。但大部分的 CDs 多集中在短波长蓝光区域，由于天然生物基质的蓝色自荧光对检测信号的影响及紫外激发对生物组织造成的严重光损伤，极大地限制了 CDs 的应用，尤其在生物成像方面。因此，通过选择合适的碳源和反应合成方法来制备长波长荧光 CDs，并进一步构筑荧光传感平台仍是一个挑战。

本研究采用邻苯二胺和柠檬酸为原料，通过水热法合成了黄绿色荧光碳量子点（YG-CDs）。所制备的 YG-CDs 具有强的黄绿色荧光、好的水溶性、良好的光稳定性、优异的生物相容性和低细胞毒性。研究发现，刚果红能有效猝灭 YG-CDs 的荧光，基于这种猝灭效应，构建了一种可直接用于刚果红检测的新型荧光传感器。该荧光传感器具有响应速度快、操作简单、线性范围宽、成本低、灵敏度高、选择性好等优点。将该传感器用于自来水和湖水中刚果红的测定，实验结果令人满意。此外，合成的 YG-CDs 具有长波发射、低毒性和优越的生物相容性，使其成为细胞成像的理想试剂，被成功用于 HeLa 细胞成像。

6.2.1 YG-CDs 的制备与表征

试剂来源：硫酸奎宁购自国药集团化学试剂有限公司；柠檬酸和对苯二胺购自天津富辰化学试剂有限公司；KBr、HCl、Na_2HPO_4、NaOH、NaH_2PO_4、KCl、$BaCl_2$、$MgSO_4$、NaCl、$CaCl_2$、$ZnCl_2$、$CdCl_2$、$MnCl_2$、$AlCl_3$、$CuSO_4$、$NaNO_3$ 和 Na_2SO_4 购自广州西陇科学有限公司；多聚甲醛、胎牛血清（FBS）、3-(4,5-二甲基噻唑-2-基)-2,5-二苯基溴化四唑（MTT）、培养基（DMEM）和二甲基亚砜（DMSO）购自西安中团生物技术有限公司；孔雀绿、刚果红、藏红花 T 和罗丹明 B 购自成都科隆化学品有限公司。实验用水均为超纯水，由 Millipore Milli-Q-RO4 超纯水净化系统（Bedford，MA，USA）提供。实验所用试剂均为分析纯，且在使用过程中不做任何处理。

YG-CDs 的制备：首先，将 0.5g 的对苯二胺和 0.5g 的柠檬酸溶于 20mL 水中，超声 3min 得到透明溶液，将其放入 25mL 聚四氟乙烯容器中，再将聚四氟乙烯容器密封在不锈钢高压釜中，在 200℃下加热 8h，待冷却后取出釜内溶液。然后，用透析袋（MWCO：500~1000Da）对获得的棕黄色溶液透析 3 天以除去未反应的原料，透析时，每隔 12h 换一次透析所用的超纯水。最后，将透析的 YG-CDs 水溶液冷冻干燥得到黄色 YG-CDs 固体粉末。

表征方法：用 Lambda35 紫外-可见吸收光谱仪（PerkinElmer，USA）和 F-2500 荧光光谱仪（Hitachi，Japan）对 YG-CDs 样品的光学性质进行表征。用 Tecnai F30 透射电子显微镜（FEI，USA）对 YG-CDs 样品的形貌和尺寸分布进行表征。用 Nicolet 8700 型红外光谱仪（Thermo Fisher，USA）对 YG-CDs 样品的表面基团进行表征。用 Escalab 250 X 射线光电子能谱仪（Thermo Fisher，USA）对 YG-CDs 样品的元素组成和官能团进行表征。

YG-CDs 样品荧光量子产率的测定（采用参比法）：将适量的硫酸奎宁溶于 0.1mol/L 硫酸溶液配制硫酸奎宁参比溶液。分别测定硫酸奎宁和 YG-CDs 样品的紫外吸光度，为避免溶液浓度过高产生自猝灭而带来的误差，紫外吸光度均小于 0.1。再分别测定硫酸奎宁和 YG-CDs 样品在激发波长 360nm 下的荧光光谱，在发射波长 380~700nm 范围内,对荧光光谱的峰面积进行积分。按照 $\Phi_S=\Phi_R(Grad_S/Grad_R)(\eta_S/\eta_R)^2$ 计算荧光量子产率,其中 Φ 表示量子产率,S 表示样品,R 表示参比物质,Grad 是荧光峰面积对紫外吸光度的斜率,η 是溶剂的折射率。已知,硫酸奎宁的荧光量子产率是 0.54,水的折射率是 1.33,甲醇的折射率是 1.44。

6.2.2 YG-CDs 的性能研究

图 6-11 为 YG-CDs 的 TEM 图和粒径分布图,从图中可以看出,合成的 YG-CDs 近似球形,具有好的分散性。粒径主要分布在 1~4.5nm 范围内,平均粒径为 2.3nm。

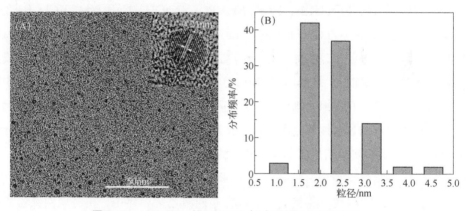

图 6-11 YG-CDs 的 TEM 图(A)和粒径分布图(B)

图 6-12 是 YG-CDs 样品的红外光谱图,其中 O—H 和 N—H 的特征伸缩振动分别出现在 3430cm^{-1} 和 3221cm^{-1} 处。2930cm^{-1} 处的吸收峰为 C—H 的伸缩振动。1699cm^{-1} 处的吸收峰为 C=N/C=O 伸缩振动。1625cm^{-1} 处的吸收峰为 C=C 伸缩振动,表明存在多环芳香结构。在 1665cm^{-1}、1517cm^{-1} 和 1396cm^{-1} 处出现的峰分别为酰胺Ⅰ、酰胺Ⅱ和酰胺Ⅲ[36-38]。C—O 的伸缩振动峰位于 1129cm^{-1} 处,而 C—N 的伸缩振动峰位于 830cm^{-1} 处。

图 6-13 为 YG-CDs 样品的 XPS 谱图。图 6-13(A)为 YG-CDs 的 XPS 全谱图,284.8eV、399.5eV 和 531.6eV 处的峰分别对应于 C 1s、O 1s 和 N 1s,表明 YG-CDs 的主要成分为 C、O 和 N。图 6-13(B)为 YG-CDs 的 C 1s 谱图,可以看出 YG-CDs 存在 4 种碳键,分别为 C—C/C=C(284.6eV)、C—O/C—N(285.5eV)、C=N(287.9eV)和 C=O(289.0eV)。图 6-13(C)为 YG-CDs 的 O 1s 谱图,在 531.5eV、532.5eV 和 533.8eV 处分别为 C=O、C—O 和 O—H。图 6-13(D)为 YG-CDs 的 N 1s 谱图,表明 YG-CDs 存在 3 种氮键,分别为吡咯氮(401.6eV)、氨基氮(399.9eV)和吡啶

氮（399.4eV）[39]。红外光谱和 XPS 结果综合表明，合成的 YG-CDs 表面含有丰富的氨基和含氧基团，以及一些氮杂环，如吡啶环和吡咯环。

图 6-14（A）是 YG-CDs 的紫外可见吸收光谱图，从图中可以看出，YG-CDs

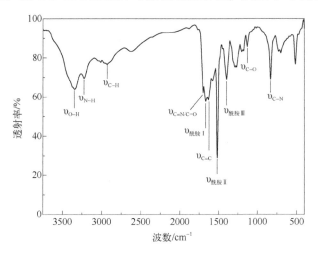

图 6-12 YG-CDs 样品的红外光谱图

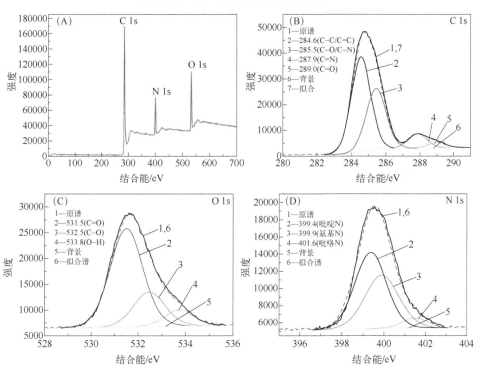

图 6-13 YG-CDs 样品的 XPS 能谱图
(A) 全谱；(B) C 1s 谱；(C) O 1s 谱；(D) N 1s 谱

样品在 220～350nm 和 400～600nm 处有两个吸收峰，分别对应于 C=C 的 π→π* 跃迁和 C=O/C=N 基团中 n→π* 跃迁[40]。YG-CDs 样品溶液在日光灯下呈透明的淡黄色，在紫外灯的照射下发出黄绿色的荧光。图 6-14（B）是 YG-CDs 的荧光发射光谱图，其最佳激发和发射波长分别为 360nm 和 500nm。图 6-14（C）为 YG-CDs 在不同激发波长下的荧光发射光谱图。从图中可以看出，随着激发波长的增大，YG-CDs 的发射峰发生红移，这种对激发依赖的发射特性，源于样品中含有不同尺寸的颗粒以及每个颗粒上不同官能团形成的表面态[41]。此外，以硫酸奎宁为参比，测得了 YG-CDs 样品的荧光量子产率，图 6-14（D）是硫酸奎宁和 YG-CDs 样品在不同吸光度下的荧光峰面积，斜率分别为 515.92 和 111.53，最终测得 YG-CDs 样品的荧光量子产率为 11.7%。

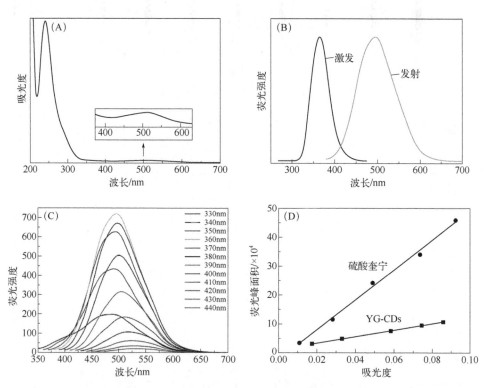

图 6-14 YG-CDs 的紫外-可见吸收光谱（A），YG-CDs 的荧光光谱（B），在不同激发波长下 YG-CDs 的荧光光谱（C），YG-CDs 样品和硫酸奎宁在不同吸光度下的荧光峰面积（D）

6.2.3 基于 YG-CDs 的荧光传感构建及对刚果红的测定

基于 YG-CDs 的荧光传感构建，在 5mL 的比色管中，依次加入一定量的如下溶液：0.3mL YG-CDs（10mg/mL）溶液，一定量的刚果红溶液，并用 0.01mol/L PBS 缓冲溶液（pH=5）稀释定容至 3mL。混匀后室温反应 5min 进行荧光测定。激发波长为 360nm，发射波长范围为 380～700nm，激发和发射的狭缝宽度均为 10nm。记录加入不同浓度刚果红溶液后体系的荧光强度 F，F_0 为加入刚果红前体系的荧光强度，计算刚果红对 YG-CDs 的荧光猝灭率（F_0/F），根据 F_0/F 对刚果红的浓度作图。

为了获得检测刚果红的最佳传感条件，优化了实验中的关键参数，包括 YG-CDs（10mg/mL）的剂量（0.1～0.5mL）、PBS 缓冲溶液 pH（2～10）及 YG-CDs 与刚果红之间的反应时间（0～60min）。将 F_0/F 作为刚果红检测的响应信号。首先，研究了 pH 值对 F_0/F 的影响，如图 6-15（A）所示，当 pH 值从 2 增加到 10 时，F_0/F 先增加后减小，在 pH 值为 5 时达到最大值。因而选择 pH=5 作为实验的最优 pH 值。其次，研究了 YG-CDs 剂量对 F_0/F 的影响，如图 6-15（B）所示，随着 YG-CDs 的剂量从 0.1mL 增加到 0.5mL，F_0/F 先逐渐增加，然后降低。当 YG-CDs 的剂量为 0.3mL 时，可获得最大 F_0/F 值。遂选择 0.3mL 作为 YG-CDs 最佳剂量进行刚果红的检测。最后，研究了反应时间对 F_0/F 的影响，如图 6-15（C）所示，随着反应

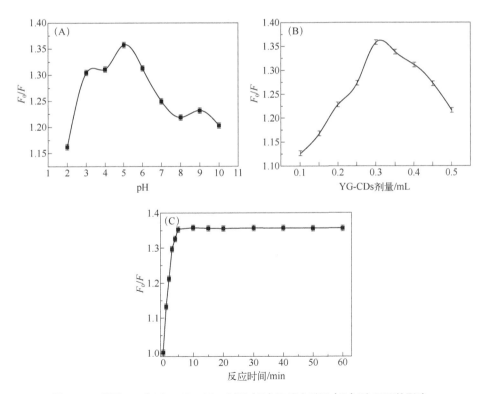

图 6-15 溶液 pH（A）、YG-CDs 剂量（B）和反应时间（C）对 F_0/F 的影响

时间从 0 增加到 5min，F_0/F 呈上升趋势，并在较长的时间范围内保持不变。因此，选择 5min 作为最佳反应时间。综上所述，pH=5、0.3mL YG-CDs 溶液（10mg/mL）和 5min 的反应时间是刚果红检测的最佳工作条件。

在上述最佳工作条件下，研究了刚果红浓度对 YG-CDs 的荧光响应。如图 6-16 （A）所示，随着 YG-CDs 溶液中刚果红浓度的增加，YG-CDs 溶液的荧光强度逐渐减弱，表明刚果红能有效猝灭 YG-CDs 的荧光。根据图 6-16（B）和（C），F_0/F 在 0.5～50μg/mL 和 50～170μg/mL 范围内与刚果红浓度呈良好的线性关系。线性方程分别为 $F_0/F=0.0289[C]+1$（$R^2=0.9923$）和 $F_0/F=0.0507[C]-0.3157$（$R^2=0.9956$）。刚果红的 LOD 为 0.02μg/mL（S/N=3）。

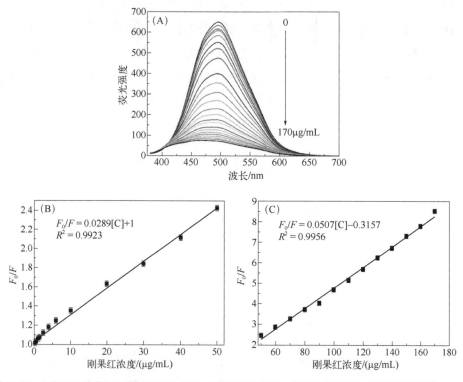

图 6-16　添加不同浓度的刚果红后 YG-CDs 的荧光光谱（A），F_0/F 与刚果红浓度的线性关系（B，C）

YG-CDs 在刚果红检测方面的选择性研究：考察了不同干扰物质（K^+、Ba^{2+}、Zn^{2+}、Na^+、Ca^{2+}、Mg^{2+}、Al^{3+}、Cd^{2+}、Mn^{2+}、Cu^{2+}、Cl^-、SO_4^{2-}、NO_3^-、孔雀绿、罗丹明 B 和番红 T）对 YG-CDs 的 F_0/F 的影响。如图 6-17 所示，除刚果红以外，其他干扰物质对 YG-CDs 均未表现出明显的荧光猝灭，表明 YG-CDs 对刚果红具有

良好的选择性，可以作为荧光传感平台用于刚果红的检测。

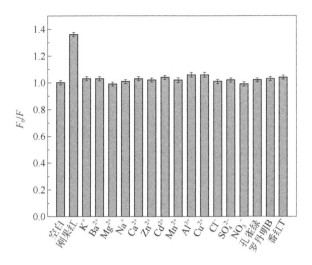

图 6-17 不同干扰物对 F_0/F 的影响

为了检验该方法用于实际样品中刚果红测定的可行性，采用加标回收法对自来水和湖水中刚果红的含量进行了测定。将自来水和湖水样品通过 0.22μm 孔径的滤膜过滤，收集滤液，在 4℃条件下储存，以备进一步分析检测。结果如表 6-2 所示，未加标前，在自来水和湖水中均没有检测到刚果红。加标后，刚果红在自来水和湖水中的回收率为 97%~103.1%，RSD 不超过 2.6%（n=5），实验结果令人满意。表明基于 YG-CDs 的荧光传感器具有较高的准确性，可用于实际样品中刚果红的检测。

表 6-2 加标回收法测定自来水和湖水中刚果红的含量（n=5）

样品	含量/(μg/mL)	加入量/(μg/mL)	测定量/(μg/mL)	回收率/%	RSD/%
自来水	0	4	4.1	102.5	2.1
		8	7.8	97.5	1.7
		16	16.5	103.1	1.9
湖水	0	5	4.9	98	1.4
		10	9.7	97	2.2
		20	20.4	102	2.6

6.2.4 YG-CDs 对刚果红的荧光传感机理

为了进一步阐明刚果红对 YG-CDs 的荧光猝灭机理，测定了刚果红的紫外-可见吸收光谱和 YG-CDs 的荧光光谱。如图 6-18（A）所示，刚果红在 280～620nm 之间有两个宽的吸收峰，最大吸收波长分别为 340nm 和 500nm。YG-CDs 的激发光谱和发射光谱分别在 310～470nm 和 380～670nm 的波长范围内。激发和发射波长分别在 360nm 和 500nm 处达到最大值。可以看出，刚果红的吸收光谱与 YG-CDs 的激发和发射光谱有显著重叠，表明 IFE 或 FRET 是可能的荧光猝灭机制[42]。一般来说，FRET 会缩短供体的荧光寿命，而 IFE 则不会。由于振动碰撞，FRET 中的无辐射能量转移被限制在 10nm，而 IFE 中的辐射能量转移不受距离限制[43]。为了进一步区分这两种荧光猝灭机理，测定了 YG-CDs 溶液在加入刚果红前后荧光寿命的变化。如图 6-18（B）所示，YG-CDs 溶液在加入刚果红前后荧光寿命几乎没有变化，这进一步表明 IFE 是主要的传感机理[44]。

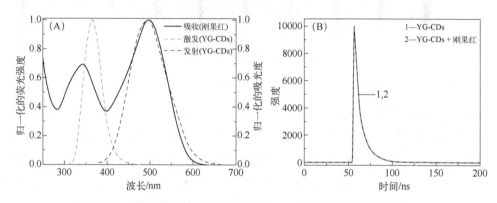

图 6-18　刚果红的紫外-可见吸收光谱与 YG-CDs 的荧光光谱（A），加入刚果红前后 YG-CDs 的荧光寿命衰减曲线（B）

6.2.5　YG-CDs 的细胞毒性及成像研究

选取 HeLa 细胞进行成像实验。首先，将 HeLa 细胞接种到 96 孔板上，并在 37℃、5.0% CO_2 恒温培养箱中培养 24h，使细胞黏附于板底生长。其次，选出其中 5 个孔作为细胞空白对照，其余的孔将其中的培养基吸出，加入不同浓度的 YG-CDs 样品溶液（0.1mg/mL、0.3mg/mL、0.5mg/mL、0.8mg/mL 和 1mg/mL），使细胞分别再培养 12h 和 24h。最后，将所有孔中的溶液吸出，用 pH=7.4 的 PBS 缓冲溶液清洗三次，每个孔加入 15μL MTT 试剂（5mg/mL）后，细胞再孵育 4h。之后，除去含 MTT 的培养基，加入 150μL 的 DMSO，室温震荡 10min 后，使用酶标仪测定每个孔中混合物对应的光密度（OD）。细胞成活率利用以下公式进行计算：细胞成活率=($OD_{实验组}/OD_{对照组}$)×100%，其中 $OD_{实验组}$ 为经过 YG-CDs 样品处理后的细胞光密度，$OD_{对照组}$ 为未经过 YG-CDs 样品处理后的细胞光密度。

在细胞成像实验中，用同样的方法将 HeLa 细胞培养过夜，37℃下，将 HeLa 细胞接种于激光共聚焦专用培养皿中并与 0.3mg/mL 的 YG-CDs 样品溶液在 pH 为 7.4 的 PBS 缓冲液中孵育 3h。之后用 pH 为 7.4 的 PBS 缓冲液冲洗三次，最后用激光共聚焦显微镜（LCSM）对细胞进行光学成像。

YG-CDs 的生物相容性对其进一步的细胞成像应用具有重要意义。MTT 法被用于 YG-CDs 的细胞毒性研究[45]。以未经处理的 HeLa 细胞为对照，分析用 YG-CDs 培养的 HeLa 细胞的活度。如图 6-19 所示，HeLa 细胞分别与不同浓度的 YG-CDs（0.1mg/mL、0.3mg/mL、0.5mg/mL、0.8mg/mL 和 1mg/mL）孵育 12h 和 24h。与超高浓度的 YG-CDs 溶液（1mg/mL）孵育 24h 后，细胞存活率仍保持在 90% 以上，表明合成的 YG-CDs 具有较低的细胞毒性和良好的生物相容性。

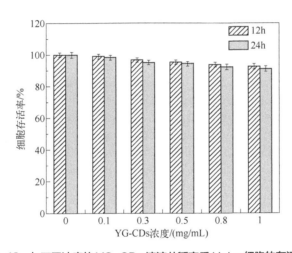

图 6-19 与不同浓度的 YG-CDs 溶液共孵育后 HeLa 细胞的存活率

为了探究 YG-CDs 在细胞成像中的应用潜能，实验将 YG-CDs（0.3mg/mL）溶液与 HeLa 细胞孵育 4h，然后在 LSCM 下观察细胞成像情况。如图 6-20 所示，在 405nm 和 559nm 激发状态下，实验组细胞发出明亮的黄色和红色荧光。然而，在相同条件下，对照组细胞（无 YG-CDs）没有观察到荧光。这些结果表明拥有小尺寸的 YG-CDs 在短时间内能够成功内化到细胞中，在低浓度下也能有效地进行细胞成像。

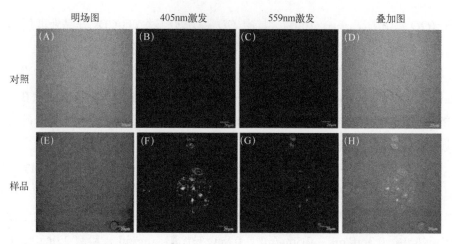

图6-20 用培养基（A~D）和YG-CDs（E~H）处理的HeLa细胞的LSCM图

参考文献

[1] Ashour S, Bayram R. Development and validation of sensitive kinetic spectrophotometric method for the determination of moxifloxacin antibiotic in pure and commercial tablets[J]. Spectro Chim Acta A: Mol Biomol Spectrosc, 2015, 140: 216-222.

[2] Shehata M, Fekry A M, Walcarius A. Moxifloxacin hydrochloride electrochemical detection at gold nanoparticles modified screen-printed electrode[J]. Sensors, 2020, 20(10).

[3] Fekry A M. A new simple electrochemical moxifloxacin hydrochloride sensor built on carbon paste modified with silver nanoparticles[J]. BioSens Bioelectron, 2017, 87: 1065-1070.

[4] Johnson P, Cihon C, Herrington J, et al. Efficacy and tolerability of moxifloxacin in the treatment of acute bacterial sinusitis caused by penicillin-resistant streptococcus pneumoniae: a pooled analysis[J]. Clin Ther, 2004, 26(2): 224-231.

[5] Torres J R, Bajares A. Severe acute polyarthritis in a child after high doses of moxifloxacin[J]. Int J Infect Dis, 2008, 40(6-7): 582-584.

[6] Hariprasad S M, Blinder K J, Shan G K, et al. Penetration pharmacokinetics of topically administered 0.5% moxifloxacin ophthalmic solution in human aqueous and vitreous[J]. Arch Ophthalmol-Chin, 2005, 123 (1): 39-44.

[7] Altin T, Ozcan O, Turhan S, et al. Torsade de pointes associated with moxifloxacin: a rare but potentially fatal adverse event[J]. Can J Cardiol, 2007, 23(11): 907-908.

[8] Miller D. Review of moxifloxacin hydrochloride ophthalmic solution in the treatment of bacterial eye infections[J]. Clin Ophthalmol, 2008, 2(1): 77-91.

[9] Cruz L A, Hall R. Enantiomeric purity assay of moxifloxacin hydrochloride by capillary electrophoresis[J]. J Pharm Biomed Anal, 2005, 38(1): 8-13.

[10] Fekry A M, Abdel-Gawad S A, Azab S M, et al. A sensitive electrochemical sensor for moxifloxacin hydrochloride based on nafion/graphene oxide/zeolite modified carbon paste electrode[J]. Electroanalysis, 2021, 33(4): 964-974.

[11] Hammam M A, Wagdy H A, El Nashar R M. Moxifloxacin hydrochloride electrochemical detection based on

newly designed molecularly imprinted polymer[J]. Sens Actuators B: Chem, 2018, 275: 127-136.

[12] Kalariya P D, Namdev D, Srinivas R, et al. Application of experimental design and response surface technique for selecting the optimum RP-HPLC conditions for the determination of moxifloxacin HCl and ketorolac tromethamine in eye drops[J]. J Saudi Chem Soc, 2017, 21: S373-S382.

[13] Patel K, Mangukiya R P, Patel R A, et al. Chromatographic methods for simultaneous determination of moxifloxacin hydrochloride and difluprednate in ophthalmic dosage form[J]. Acta Chromatogr, 2014: 1.

[14] Bai J, Chen X, Yuan G, et al. A novel nitrogen-doped dual-emission carbon dots as an effective fluorescent probe for ratiometric detection dopamine[J]. Nano, 2021: 2150030.

[15] Huang G, Luo X, He X, et al. Dual-emission carbon dots based ratiometric fluorescent sensor with opposite response for detecting copper (Ⅱ)[J]. Dyes Pigm, 2021, 196: 109803.

[16] Han Y, Chen Y, Feng J, et al. One-pot synthesis of fluorescent silicon nanoparticles for sensitive and selective determination of 2,4,6-Trinitrophenol in aqueous solution[J]. Anal Chem, 2017, 89(5): 3001-3008.

[17] Wang L, Chung J S, Hur S H. Nitrogen and boron-incorporated carbon dots for the sequential sensing of ferric ions and ascorbic acid sensitively and selectively[J]. Dyes Pigm, 2019, 171: 107752.

[18] Dong H, Kuzmanoski A, Gößl D M, et al. Polyol-mediated C-dot formation showing efficient Tb^{3+}/Eu^{3+} emission[J]. Chem Commun, 2014, 50(56): 7503-7506.

[19] Ali H R H, Hassan A I, Hassan Y F, et al. Mannitol capped magnetic dispersive micro-solid-phase extraction of polar drugs sparfloxacin and orbifloxacin from milk and water samples followed by selective fluorescence sensing using boron-doped carbon quantum dots[J]. J Environ Chem Eng, 2021, 9(2): 105078.

[20] Han R, Ding D, Xu Y, et al. Use of rice husk for the adsorption of congo red from aqueous solution in column mode[J]. Bioresour Technol, 2008, 99(8): 2938-2946.

[21] Vimonses V, Lei S, Jin B, et al. Kinetic study and equilibrium isotherm analysis of Congo Red adsorption by clay materials[J]. Chem Eng J, 2009, 148(2): 354-364.

[22] Purkait M. K, Maiti A, Dasgupta S, et al. Removal of congo red using activated carbon and its regeneration[J]. J Hazard Mater, 2007, 145(1): 287-295.

[23] Jain R, Sikarwar S. Removal of hazardous dye congo red from waste material[J]. J Hazard Mater, 2008, 152(3): 942-948.

[24] Kondru A K, Kumar P, Chand S. Catalytic wet peroxide oxidation of azo dye (congo red) using modified Y zeolite as catalyst[J]. J Hazard Mater, 2009, 166(1): 342-347.

[25] Chatterjee S, Lee D S, Lee M W, et al. Enhanced adsorption of congo red from aqueous solutions by chitosan hydrogel beads impregnated with cetyl trimethyl ammonium bromide[J]. Bioresour Technol, 2009, 100(11): 2803-2809.

[26] Liu F, Zhang S, Wang G, et al. A novel bifunctional molecularly imprinted polymer for determination of congo red in food[J]. RSC Adv, 2015, 5(29): 22811-22817.

[27] Qin X, Bakheet A A A, Zhu X. Fe_3O_4@ionic liquid-β-cyclodextrin polymer magnetic solid phase extraction coupled with HPLC for the separation/analysis of congo red[J]. J Iran Chem Soc, 2017, 14(9): 2017-2022.

[28] Sahraei R, Farmany A, Mortazavi S S, et al. Spectrophotometry determination of congo red in river water samples using nanosilver[J]. Toxicol Environ Chem, 2012, 94: 1886-1892.

[29] Jin L N, Qian X Y, Wang J G, et al. MIL-68 (In) nano-rods for the removal of Congo red dye from aqueous solution[J]. J Colloid Interface Sci, 2015, 453: 270-275.

[30] Shetti N P, Malode S J, Malladi R S, et al. Electrochemical detection and degradation of textile dye Congo red at graphene oxide modified electrode[J]. Microchem J, 2019, 146: 387-392.

[31] Liu Y, Tian Y, Tian Y, et al. Carbon-dot-based nanosensors for the detection of intracellular redox state[J]. Adv Mater, 2015, 27(44): 7156-7160.

[32] Shi W, Li X, Ma H. A tunable ratiometric pH sensor based on carbon nanodots for the quantitative measurement of the intracellular pH of whole cells[J]. Angew Chem Int Ed, 2012, 51(26): 6432-6435.

[33] Yao Y Y, Gedda G, Girma W M, et al. Magnetofluorescent carbon dots derived from crab shell for targeted dual-modality bioimaging and drug delivery[J]. ACS Appl Mater Interfaces, 2017, 9(16): 13887-13899.

[34] Yan F, Bai Z, Ma T, et al. Surface modification of carbon quantum dots by fluorescein derivative for dual-emission ratiometric fluorescent hypochlorite biosensing and in vivo bioimaging[J]. Sens Actuators B: Chem, 2019, 296: 126638.

[35] Zhang F, Wang Y, Miao Y, et al. Optimal nitrogen and phosphorus codoping carbon dots towards white light-emitting device[J]. Appl Phys Lett, 2016, 109(8): 083103.

[36] Zhong Y, Peng F, Bao F, et al. Large-scale aqueous synthesis of fluorescent and biocompatible silicon nanoparticles and their use as highly photostable biological probes[J]. J Am Chem Soc, 2013, 135(22): 8350-8356.

[37] Surewicz W K, Mantsch H H, Chapman D. Determination of protein secondary structure by Fourier transform infrared spectroscopy: a critical assessment[J]. Biochemistry, 1993, 32(2): 389-394.

[38] Mallamace F, Corsaro C, Mallamace D, et al. The role of water in protein's behavior: the two dynamical crossovers studied by NMR and FTIR techniques[J]. Comput Struct Biotechnol J, 2015, 13: 33-37.

[39] Dang D K, Sundaram C, Ngo Y L T, et al. Pyromellitic acid-derived highly fluorescent N-doped carbon dots for the sensitive and selective determination of 4-nitrophenol[J]. Dyes Pigm, 2019, 165: 327-334.

[40] Hu Q, Paau M. C, Zhang Y, et al. Green synthesis of fluorescent nitrogen/sulfur-doped carbon dots and investigation of their properties by HPLC coupled with mass spectrometry[J]. RSC Adv, 2014, 4(35): 18065-18073.

[41] Ding H, Yu S. B, Wei J S, et al. Full-color light-emitting carbon dots with a surface-state-controlled luminescence mechanism[J]. ACS Nano, 2016, 10(1): 484-491.

[42] Song W, Duan W, Liu Y, et al. Ratiometric detection of intracellular lysine and pH with one-pot synthesized dual emissive carbon dots[J]. Anal Chem, 2017, 89(24): 13626-13633.

[43] Sun Y. P, Zhou B, Lin Y, et al. Quantum-sized carbon dots for bright and colorful photoluminescence[J]. J Am Chem Soc, 2006, 128(24): 7756-7757.

[44] Sun X, Lei Y. Fluorescent carbon dots and their sensing applications[J]. Trends Analyt Chem, 2017, 89: 163-180.

[45] Mu X, Wu M, Zhang B, et al. A sensitive "off-on" carbon dots-Ag nanoparticles fluorescent probe for cysteamine detection via the inner filter effect[J]. Talanta, 2021, 221: 121463.